普通高等教育"十四五"规划教材

放矿理论与实验

主 编 刘 欢
副主编 薛瑞雄 李广辉

全书数字资源

北 京
冶 金 工 业 出 版 社
2024

内 容 提 要

本书详细介绍了放矿理论与有关实验,主要内容包括:绪论、矿岩散体的物理力学性质、底部单一漏斗放矿时矿岩运动规律、多漏斗底部结构放矿时矿岩运动规律、端部放矿时崩落矿岩运动规律、散体振动放矿、放矿实验等。为了巩固学习内容,每章后均附有习题与思考题。

本书可作为高等院校采矿工程专业的教材,也可供相关工程技术人员、科研工作者参考。

图书在版编目(CIP)数据

放矿理论与实验/刘欢主编. —北京:冶金工业出版社,2024.6
普通高等教育"十四五"规划教材
ISBN 978-7-5024-9868-9

Ⅰ. ①放… Ⅱ. ①刘… Ⅲ. ①放矿理论—高等学校—教材
Ⅳ. ①TD801

中国国家版本馆 CIP 数据核字(2024)第 094296 号

放矿理论与实验

出版发行	冶金工业出版社	电　话	(010)64027926
地　址	北京市东城区嵩祝院北巷 39 号	邮　编	100009
网　址	www.mip1953.com	电子信箱	service@mip1953.com

责任编辑　王　颖　美术编辑　吕欣童　版式设计　郑小利
责任校对　葛新霞　责任印制　窦　唯
北京建宏印刷有限公司印刷
2024 年 6 月第 1 版,2024 年 6 月第 1 次印刷
787mm×1092mm 1/16;13 印张;314 千字;198 页
定价 49.90 元

投稿电话　(010)64027932　投稿信箱　tougao@cnmip.com.cn
营销中心电话　(010)64044283
冶金工业出版社天猫旗舰店　yjgycbs.tmall.com
(本书如有印装质量问题,本社营销中心负责退换)

前　言

随着我国经济社会的快速发展以及对矿产资源需求的持续增加和绿色发展要求，使得安全、高效、绿色、智能开采成为新时代矿业发展的主题。在众多地下矿床采矿方法中，金属矿山的崩落采矿法和煤矿的放顶煤采煤法，由于生产规模大、劳动效率高、工艺相对简单、开采成本较低等优点，在我国被广泛应用。

在崩落采矿法和放顶煤采煤法中，放矿理论是研究其采矿工艺的基础理论和必要前提，也是进行采场结构参数设计和现场放矿生产管理的主要理论依据，因此放矿理论是采矿工程专业人才培养的一门专业课，是现代化采矿须具备的专业知识。

本书在详细介绍散体物理力学性质的基础上，以椭球体放矿理论为基础，主要介绍了底部（单一漏斗和多漏斗）放矿、端部放矿、振动放矿中矿岩散体的运动规律以及据此揭示矿石损失贫化过程，优化采矿方案，确定合理采场结构参数和改进放矿管理，最终达到降低矿石损失贫化和提高矿山经济效益的目的。

同时本书详细介绍了测定矿岩散体物理力学性质的自动化装置、物理模拟放矿实验、数值模拟放矿实验、采矿现场放矿实验的基本原理、方法、步骤等，尤其加入了自动化、便捷化、多样化的放矿实验装置设计及应用，这对提高放矿实验的效率和准确性、进一步研究散体运动规律、实现放矿实验自动化以及采矿现场放矿自动化均有重要的意义。

本书由内蒙古工业大学刘欢担任主编，内蒙古工业大学薛瑞雄和洛阳理工学院李广辉担任副主编，全书由刘欢统稿。此外，内蒙古工业大学硕士研究生刘润晗、孔颖慧、冯金翔、朱汉波也参与了本书的编写工作，在此表示感谢。

本书在撰写过程中得到了内蒙古工业大学、洛阳理工学院、东北大学、辽宁科技大学等相关单位、专家和研究人员的大力支持，参阅或引用了部分学者的论文、书籍等有关资料，在此一并表示感谢！

本书内容所涉及的研究得到了国家自然科学基金项目（编号：42167023）、内蒙古自治区自然科学基金项目（编号：2022QN05012）、自治区直属高校基本科研业务费项目（批准号：JY20220182）的资助，在此致谢！

由于作者水平所限，书中不妥之处，敬请广大读者批评指正。

作 者

2024 年 1 月

目　　录

0 绪　　论

采矿工程主要研究矿产资源（能源矿产、金属矿产、非金属矿产、水气矿产）开采的理论和方法，发展矿业新技术。其主要任务是依靠科学技术，提高资源利用率，保障安全、环保、经济效益良好和可持续发展的矿山工业发展道路。

在开采固体类矿产时，采矿工程的研究对象是岩体、岩石和散体。工程施工的主体对象是岩体（主要由结构面和岩石块体组成），当岩体通过爆破、机械等方式破碎后形成岩石块体，而岩石块体的聚集集就是散体。散体是一种力学性质介于固体和流体之间的物质：对于组成散体的每一个颗粒而言，它属于固体，但对于整个散体而言，又具有流体的某种性能。散体的上述特性表现在具体的采矿过程中，就形成了散体运动规律。

0.1　放矿理论

放矿理论的研究对象就是采矿过程中形成的矿岩散体及其移动（或流动）规律，揭示矿石损失贫化的发生过程，进而为优化采矿方案、确定采场结构参数、改进放矿管理提供依据，达到降低矿石损失贫化、提高企业经济效益的目的。

目前，国内外的许多专家、学者分别从不同的角度对散体运动规律进行了研究，主要成果包括连续介质放矿理论、随机介质放矿理论、基于运动学方程的放矿理论以及基于放矿实验和数值模拟对散体运动规律的研究，在国内主要以连续介质放矿理论和随机介质放矿理论作为放矿的指导理论。这三个理论侧重点不同，但也有一定的联系，其中随机介质放矿理论中的一些假设范畴仍然属于连续介质，而基于运动学方程的放矿理论中也借助了散体的一些理论，并且在一定条件下也推导出放出体近似椭球体的结论，这又与连续介质放矿理论相似。

（1）连续介质放矿理论。连续介质放矿理论建立在实体放矿模型实验的基础上，该理论假设崩落的矿岩是连续分布的且放出体是一个椭球体或者是椭球体的一部分（椭球缺），并且在此基础上提出了一系列表述各种规律现象的方程式，用来说明散体的移动过程。根据这一理论提出了一套确定采场合理结构参数和预测矿石损失贫化的方法，以及最优放矿管理制度。该理论主要包括椭球体放矿理论和类椭球体放矿理论两个理论。

（2）随机介质放矿理论。随机介质放矿理论是将崩落的矿石和松散覆盖岩层简化为连续流动的随机介质，将放矿过程视为一种随机过程，运用数理统计的相关理论和概率论方法建立的放矿理论。该理论认为矿岩内部的移动过程服从矿岩散体从概率小的空间位置向概率大的空间位置移动，用数学归纳的方法找到了矿岩的概率分布规律，并根据实际矿岩散体的组成对其进行修正，得到了矿岩散体移动概率分布方程。以移动概率分布方程为基础，应用各种场论知识，最终形成了随机介质放矿理论体系。

（3）基于运动学方程的放矿理论。基于运动学方程的放矿理论是建立在运动学和力学的计算模型基础上，在一定的假设条件下结合散体的性质、移动过程、移动环境等条件推导出一系列与散体移动相关的理论方程，建立一整套完整的基于运动学方程的放矿理论体系。基于运动学方程的放矿理论中，绝大部分理论的建立及应用以 Bergmark-Roos 方程为基础。

（4）基于放矿实验和数值模拟对散体运动规律的研究。模型放矿实验一直是研究散体运动规律的主要方法，上述几类放矿理论的建立也与模型放矿实验有着紧密的关系，除上述几类放矿理论外，大量学者也基于模型放矿实验研究了散体运动规律，提出了复位放出体、期望放出体、低贫化放矿、导流放矿等内容。目前放矿实验还是以实验室模型放矿实验为主，现场放矿实验还处于起步阶段，有些技术手段还不完善。当然，为了验证数值模拟结果的准确性，也有大量学者将数值模拟与放矿实验相结合来研究散体运动规律。

0.2　放矿实验

放矿实验是认识、研究、验证散体运动规律的基础和基本手段，但是已有的放矿理论知识仍无法适应各种各样的实际采矿条件。目前放矿实验可分为物理模拟实验、数值模拟实验和采矿现场实验三种。

（1）物理模拟实验。物理模拟实验是最常用的研究散体运动规律的方法，该方法基于相似理论将采矿现场放矿系统与实验室物理模拟建立相似关系，经过物理模型放矿实验测得散体移动参数（如放出椭球体偏心率值）或掌握某一采矿工艺方案的放矿规律后，应用已有的放矿理论或编制数学模型，研究或指导放矿工作。

（2）数值模拟实验。随着计算机技术的迅速发展，数值模拟技术在研究散体运动规律方面也得到了广泛的应用。该方法利用数学模型或者力学模型，采用数值模拟的方法，来模拟研究放矿过程并研究不同条件下散体的运动规律。优点是方便、简单、可对复杂及不同条件下的放矿进行模拟实验，缺点是仿真度较低、模拟参数选择困难、常将不规则散体颗粒假设为圆形或球形颗粒，所得结果与实际偏差较大。

（3）采矿现场实验。采矿现场实验以实际采场为研究对象，将制作好的标志颗粒按空间坐标装入预先设计好的钻孔中，在放矿过程中回收标志颗粒，同时记录放矿量。根据回收标志颗粒原来安装空间位置以及对应的放矿量来研究散体的运动规律。该方法的优点是仿真度和可靠性高，缺点是实验困难多、工作量大、可重复性差、实验结论受采矿现场条件影响较大、规律性也较差，所以主要用来验证物理模拟实验和数值模拟实验的结果或者获取物理模拟和数值模拟需要的原始资料，较少用于直接研究崩落矿岩散体的运动规律和优选方案。随着电子标签和自动识别等电子技术的不断发展，带电子标签的标志颗粒得到了现场应用，一定程度上可以改进以前现场放矿实验的实验手段，有望推动采矿现场实验的进一步发展。

本书结合采矿工程的教学，主要对放矿理论知识进行讲述，同时也讲述了放矿理论中涉及的实验，重点突出理论、实践、应用的统一。目的是让学生掌握放矿的基本理论和实验方法，为后续采矿设计中采场结构参数优化和放矿制度管理等提供理论指导。为便于学生掌握和应用，本书理论体系仍以椭球体放矿理论为核心，着重讲授散体的物理力学性质、散体移动（流动）规律、放矿实验，突出理论知识、实验方法以及工程应用这三大部分的统一。

1 矿岩散体的物理力学性质

　　散体（又称松散介质）是由彼此不相连或弱连接的固体颗粒共同组成的集合体，其中，单个固体颗粒的大小与所研究的整个集合体相比应是很小的，如呈颗粒状的粮食、碎裂的矿岩、松散的土体、堆积砂石、粉化物质等。

　　散体根据是否含水分或黏结性物质（颗粒间是否有黏聚力），可分为理想散体和非理想散体。当散体中不含有水分和黏结性物质，即颗粒间不存在黏聚力时，称为理想散体；当散体中含有水分和黏结性物质，即颗粒间存在黏聚力时，称为非理想散体。崩落矿岩的块体之间一般具有一定黏聚力，属于非理想的散体，然而块体之间的黏聚强度远比块体本身的强度小得多，甚至很弱，很容易相互产生位移，有流动的趋向。

　　散体具有如下特性：其一，对于组成散体的每一个颗粒而言，它属于固体，具有固体的特性，构成了散体的骨架；其二，对于整个散体而言，它有流动的性能，能够改变组成散体颗粒间的相互联系和位置，这又具有液体的某些特性。但它和液体的性质又不完全相同，因为颗粒间的活动受到一定的限制，具有一定抵抗剪切的能力，内摩擦力要比液体大得多，所以无约束条件下它不像液体那样能在平面上向四周溢散，通常形成一个锥堆体。综上所述，散体具有双重特性，既不属于固体，又不属于液体，是一种介于固体和液体之间的物质，即一种固体和液体性质兼而有之的介质。这种双重特性就决定了特定采矿方法或环境中崩落矿岩散体运动过程的力学特点。

　　散体具有的双重特性，导致了散体与固体、液体的物理力学性质具有明显的差异，科学地测定和掌握散体的物理力学性质，是研究放矿的基础。下面根据放矿研究的需要，分别介绍与放矿有关的散体物理力学性质。

1.1　散体的基本物理力学性质

1.1.1　散体的密度

　　单位体积的散体质量称为散体密度，即：

$$\rho_s = \frac{m_s}{V_s} \tag{1-1}$$

式中　ρ_s——散体介质（松散矿岩）的密度，kg/m^3；

　　　m_s——散体介质（松散矿岩）的质量，kg；

　　　V_s——散体介质（松散矿岩）的体积，m^3。

　　根据堆积条件的不同，散体密度通常可分为动力压实堆积密度和自由堆积密度，两者之比为压实系数，即：

$$K_m = \frac{\rho_m}{\rho_d} \tag{1-2}$$

式中　　K_m——压实系数；

　　　　ρ_m——压实堆积密度，kg/m^3；

　　　　ρ_d——自由堆积密度，kg/m^3。

　　矿石散体密度，对放矿来说是一个重要的物理参数。在生产中用标准矿车作测量的容器，首先需准确标定矿车容积，把矿石散体试样均匀倒入矿车，装满后刮平，矿石质量装载密度可用式（1-3）计算，即：

$$\rho_z = \frac{m_z}{V_z} \tag{1-3}$$

式中　　ρ_z——装载密度，kg/m^3；

　　　　m_z——装入矿车中的矿岩散体质量，kg；

　　　　V_z——矿车容积，m^3。

　　松散矿石的装载密度，通常用于现场放矿实验的计量，和用来计算运输容器的装载重量。

　　崩落矿岩散体的密度可以说明崩落矿岩散体内部结构的松散性或压实性，随着密度的增大，松散性减小，压实度增大。

1.1.2　散体的松散性

　　整体矿岩经过破碎以后的体积，比原有体积增大的性质称之为松散性，是散体的宏观特性。松散性通常用崩落矿岩在松散状态下的体积与原整体状态下的体积之比来表示，称为松散系数（也叫碎胀系数），其表达式为：

$$K_s = \frac{V_k}{V_t} \tag{1-4}$$

式中　　K_s——散体松散系数；

　　　　V_k——散体的体积，m^3；

　　　　V_t——破碎前原整体状态下的体积，m^3。

　　散体的压实度与松散系数之间存在着以下关系：

$$K_{ys} = \frac{K_y}{K_s} \tag{1-5}$$

式中　　K_{ys}——散体的压实度；

　　　　K_y——散体压实后的松散系数；

　　　　K_s——散体的松散系数。

　　根据松散系数形成时外界条件和用途的不同，松散系数可分为一次松散系数、二次松散系数和极限松散系数。

　　1.1.2.1　一次松散系数

　　在放矿工作中，通常把地下采场崩矿以后整体矿石破碎而产生的碎胀，称为一次松散。把这种碎胀后的散体体积与原来整体体积之比，称为一次松散系数。地下采场爆破时，虽然产生巨大的爆破动载荷，但由于受补偿空间的限制，被爆矿石仍然得不到充分自由松散。根据不同的形成条件，一次松散系数有如下值：

　　（1）深孔崩矿时，在有自由补偿空间条件下，一次松散系数为 1.25 ~ 1.32；

（2）垂直深孔崩矿时，在挤压崩矿条件下，一次松散系数为 1.15 ~ 1.25；

（3）药室崩矿时，在挤压崩矿条件下，一次松散系数为 1.12 ~ 1.14。

1.1.2.2 二次松散系数和极限松散系数

散体经过一次松散后，由于不断地进行放矿，因此采场散体必然产生二次松散，二次松散系数表达式为：

$$K_e = \frac{V_c}{V_e} \qquad (1-6)$$

式中　K_e——二次松散系数；

　　　V_e——二次松散前的体积，m^3；

　　　V_c——二次松散后的体积，m^3。

生产实践证明，凿岩爆破参数和散体条件不变的情况下，松散系数为一常数，通常称为极限松散系数，其值等于一次松散系数与二次松散系数之积，即：

$$K_j = K_s K_e \qquad (1-7)$$

式中　K_j——极限松散系数；

　　　K_s—— 一次松散系数；

　　　K_e——二次松散系数。

1.1.3 散体的孔隙性

散体的另一个特征是，组成散体的颗粒间具有一定的孔隙。散体的孔隙性可以用孔隙率表示，孔隙率是指散体在松散状态下颗粒间的孔隙体积与总体积之比，即：

$$n = \frac{V_s - V_z}{V_s} \times 100\% \qquad (1-8)$$

式中　n——散体的孔隙率，%；

　　　V_s——散体的总体积，m^3；

　　　V_z——散体的固体颗粒的体积，m^3。

散体的孔隙性还可以用孔隙比来表示。孔隙比是指散体在松散状态下孔隙体积和固体颗粒的体积之比，即：

$$e = \frac{V_s - V_z}{V_z} \times 100\% \qquad (1-9)$$

式中　e——散体的孔隙比，%。

孔隙性是散体的一个重要的物理性质。根据散体结构特点的不同，它的孔隙度也不同。块矿结构的孔隙度大，粉矿结构的孔隙度小。带棱角不规则形状的矿岩散体孔隙度大，圆滑规则形状的矿岩散体孔隙度小。崩矿挤压程度大，覆盖层重力作用大，保留时间长，则孔隙度小，反之，孔隙度大。

当采场中崩落矿石的孔隙度小，压实度大，则放出体小，放矿过程容易结拱而形成空洞，对放矿不利。当覆盖层块度较小甚至小于崩落矿石块之间孔隙的 $\frac{1}{3} \sim \frac{1}{2}$ 时，小块废石将穿过孔隙，以较快速度下降，超前放出，提早贫化，使放矿指标恶化。

崩落矿岩孔隙度的测定方法：取测定容重的试样与量筒，慢慢地往装满试样的量筒内注水，到注满为止，记下注水量，再用下式进行计算：

$$n = \frac{V_{zs}}{V_s} \qquad (1-10)$$

式中　　V_s——散体的总体积，cm^3；

$\quad\quad\quad V_{zs}$——注入水的体积，cm^3。

1.1.4　散体的压实性

对于矿岩散体仅用它的孔隙率和孔隙比来表示松散矿岩的结构密度还不够，因为孔隙比虽然相同，但由于散体的颗粒级配和形状不同，其性质也不相同，因而还需要知道散体的压实度（或称为相对结构密度），以便了解散体在自然状态或经压实后的松散和压实情况及结构的稳固性。

散体的压实度是指散体受外力作用下而被压实的程度。通常把散体压实后的体积与原松散状态下总体积之比称为散体的压实度，即：

$$K_{ys} = \frac{V_{ys}}{V_s} \qquad (1-11)$$

式中　　K_{ys}——散体的压实度；

$\quad\quad\quad V_{ys}$——散体压实后的体积，m^3。

或用松散矿岩孔隙比来表示：

$$K_{ys} = \frac{e_{max} - e}{e_{max} - e_{min}} \qquad (1-12)$$

式中　　e_{max}——散体自由充分松散状态下的孔隙比，%；

$\quad\quad\quad e_{min}$——散体已经完全压实状态下的孔隙比，%；

$\quad\quad\quad e$——散体自然状态或某种压实状态下的孔隙比，%。

矿岩散体的压实度与动静载荷大小、贮存时间、湿度和块度组成等因素有关。若爆破振动效应强烈而频繁，覆盖矿岩重力作用大，湿度增大，贮存时间长等，都会使松散矿岩块重新排列，结构改变，孔隙减小，而导致压实度增大。压实度的增大将引起内摩擦系数和黏聚力增大，恶化放矿指标并使放矿困难。如果松散矿石的压实度过大，就会丧失松散性而使放矿工作停顿，不过在这种情况下如果散体颗粒间的黏结力不大，在放矿过程中松散性仍能逐渐恢复。

1.1.5　散体的湿度

散体的湿度，是指一定量的散体介质中所含水分的百分比。通常是用散体中所含水分质量与干燥的散体质量比值来表示，即含水率：

$$M = \frac{m_s - m_g}{m_g} \times 100\% \qquad (1-13)$$

式中　　M——散体的湿度即含水率，%；

$\quad\quad\quad m_s$——散体在自然湿度状态下的质量，kg；

$\quad\quad\quad m_g$——散体在干燥状态下的质量，kg。

在散体介质颗粒的表面上，水分仅以水膜形式出现时，称为潮的散体介质；而在散体颗粒之间的孔隙中充有水分时，称为湿的散体介质。散体介质表面不含有水分时，称为风干状态下的散体介质；只含有化学结晶水时，称为干燥的散体介质。

矿岩散体的湿度是影响放矿条件的重要物理参数之一。湿度小于 4% ~ 7% 的矿岩块，通常具有良好的松散性和流通性，放矿条件好，可以达到好的放矿效果；而含黏土的粉矿，将自行结块，在放矿中形成空洞和管子状放出体，使放矿困难，恶化放矿效果。

矿岩散体湿度的大小，除与矿岩物理性质有关外，往往与矿山的水文地质条件和大气降雨量有关。特别是当回采范围内的崩落区发展到地表以后，采场内矿岩散体的湿度常常随季节而变化。雨季松散矿岩的湿度可超过 8% ~ 20%，旱季只有 2% ~ 8%。

湿度增大，会使具有一定黏结性的矿岩散体的黏结力增大，黏结力若超过重力，便会在放矿口形成稳定拱，使放矿工作停顿。但当湿度超过一定范围，矿岩散体达到水分饱和的程度时，矿岩块之间的内摩擦系数和黏聚力反而减小，流动性增大。所以，当地表黄土层较厚或者在一些粉状或黄土含量高的采场放矿时，若矿岩散体中含水率过高，散体就会液化变为流体，形成"井下泥石流"，给生产及安全造成严重威胁，矿石的损失和贫化也急剧上升。有类似危险的矿山，必须注意采取地表防洪措施。

测定矿岩散体湿度的常用方法是：把蜡封容器中的矿岩散体试样取出摊平，用四分法分成四份，任取其中一份，称其试样的质量，把称好的试样置于烘箱内，在 105 ~ 110 ℃ 的温度下烘干，直至重量不变为止。在烘干期间，每隔 0.5 h 搅拌一次，而后称烘干试样的重量，取三次以上平行测定的平均值，作为湿度的测定值。

1.1.6 散体的块度

散体的块度是指松散矿岩块的尺寸和各级矿岩块所组成的百分比。在采矿中，崩落的矿岩散体总是由各种不同尺寸的矿岩块体组成。实际生产中，根据采场工艺的要求，松散矿石块度不能过大和过于粉碎，必须对块度的上下限有一定的限制。如大块超过最大允许的尺寸，这种大块称为不合格大块，矿岩散体中所包含不合格大块的百分比，称为大块的产出率（或大块率）。把大块破碎为小块的过程，称为二次破碎。实践表明，矿石块体的尺寸、形状和级配以及大块率，对矿岩散体的流动性、放矿强度以及矿石损失贫化均有很大的影响。

1.1.6.1 单个矿岩块的几何参数

通常用矿岩块的尺寸和形状来表示单个矿岩块的几何参数。

A 矿岩块的尺寸

矿岩块可以用线性尺寸、面积和体积等单位来表示，在采矿中一般用线性尺寸来表示。如图 1-1 松散矿岩块可用 3 个方向相互垂直的最大尺寸来度量，所量得的最大尺寸为矿岩块长度（a），中间尺寸为宽度（b），最小尺寸为厚度（c），这 3 个尺寸是外接该矿岩块平行六面体各对应边的尺寸，如图 1-1 所示。

在矿山实际工作中，往往需要用一个数字来表示矿岩块的尺寸，通常是利用矿岩块的直径来表示松散矿岩块的尺寸。矿岩块的直径可用以下方法来表示：

$$d_{dk} = b \tag{1-14}$$

$$d_{dk} = \frac{a + b + c}{3} \tag{1-15}$$

$$d_{dk} = \sqrt[3]{abc} \qquad (1\text{-}16)$$

式中　d_{dk}——单个矿岩块的平均直径，m；

　　a，b，c——单个矿岩块的长、宽、厚，m。

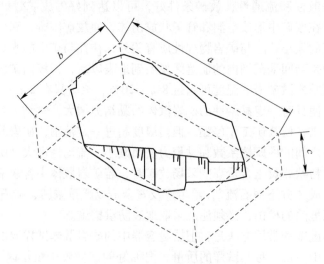

图 1-1　矿岩块尺寸测量

当矿岩块的长与宽相接近时，可用式（1-14）来表示矿岩块的直径；当矿岩块的长与宽相差较大时，可用式（1-15）来计算矿岩块的直径；为了较精确起见，可用式（1-16）来计算矿岩块的直径。当散体筛分时，某级颗粒恰好只能通过某一种筛孔径，一般也把这种筛孔的直径作为颗粒的直径。

　　B　矿岩块的形状

矿岩块的形状特征可以用 3 个相互垂直方向的矿岩块尺寸比来表示：

$$长：宽：厚 = a：b：c \qquad (1\text{-}17)$$

为了使各种矿岩块的形状具有可比性，不应当用矿岩块的绝对尺寸比，而是应当以矿岩块的宽度为一个单位的相对尺寸比来表示。这就是矿岩块形状的数值特征。

$$\frac{a}{b}：1：\frac{c}{b} \qquad (1\text{-}18)$$

根据矿岩块的长宽比和厚宽比，可以确定矿岩块的形状，见表 1-1。

表 1-1　矿岩块形状划分

矿岩块形状	长　宽　比	厚　宽　比
立方体	$a = (1.0 \sim 1.3)b$	$c = (0.7 \sim 1.0)b$
柱状体	$a \geqslant 1.3b$	$c = (0.7 \sim 1.0)b$
板状体	$a = (1.0 \sim 1.3)b$	$c = (0.3 \sim 0.7)b$
长板状体	$a > 1.3b$	$c = (0.3 \sim 0.7)b$
片状体	$a = (1.0 \sim 1.3)b$	$c < 0.3b$
长片状体	$a > 1.3b$	$c < 0.3b$

在实际工作中，为了表示矿岩块的形状特征，有时还用矿岩块尺寸的相差系数（K_x），即矿岩块的最大尺寸（长度）和最小尺寸（厚度）的比来表示：

$$K_x = \frac{a}{c} \tag{1-19}$$

正立方体 $K_x = 1$，实际的矿岩块往往是 $K_x > 1$，而以长板状和长片状的 K_x 最大。

1.1.6.2　松散矿岩的块度组成

根据岩体的构造、物理力学性质和采场结构参数等，自然或爆破崩落下来的矿岩散体是由各种不同尺寸块体组成的集合体。在这个集合体中，不同块度级别的矿岩重量占其总重量的百分比，称为块度组成。

块度的分级。根据矿石产品、采矿工艺、爆破效果的评价、生产和科学实验研究等的要求，通常把矿岩散体的矿岩块按尺寸大小分成不同块度等级，在生产实验中和评价爆破效果时，可分为大、中、小三级。在放矿实验研究中，根据实验要求，分为三至七级。

每一级的块度常常是用级内最小和最大块的尺寸来表示；或者用级内块的平均尺寸，块的平均直径来表示。矿岩散体所有各级块度也可用块的平均直径来表示，即：

$$d_p = \frac{d_{max} - d_{min}}{2} \tag{1-20}$$

式中　d_p——某一级内或松散矿岩散体的矿岩块的平均直径，m；

　　　d_{max}——某一级内最大的矿岩块的直径，m；

　　　d_{min}——某一级内最小的矿岩块的直径，m。

1.1.6.3　矿岩散体块度的测定

采矿工程中采场结构参数、设备选择、放矿控制、生产能力、卡斗大块二次爆破量及爆破引起的巷道破坏和相应作业成本等均与矿岩散体的块度有关，测定矿岩散体块度是矿山开采中极其重要的工作之一。

A　筛分法

首先，根据要求确定矿石块的分级，按分级的矿石块的尺寸大小选取筛格。

然后，根据采矿方法和爆破方法，选用不同的取样方法。当采用无底柱分段崩落法时，由于用垂直扇形深孔回采，在整个出矿过程中，各出矿时期的块度组成通常会发生较大变化，故应在同一地点，按不同出矿时期进行取样，即在出矿初期、中期、后期各取 1～3 t。当采用有底部结构分段崩落法时，若为水平扇形深孔崩矿，应在同一时间，不同的漏斗下进行取样，每个地点取样 1～3 t。当采用有底部结构分段崩落法时，若为垂直扇形深孔崩矿，则必须在不同的放矿时期进行取样，所取的样必须具有代表性。然后把所取的样，用四分法进行缩分，直至试样只有 0.5～1 t 时为止。

称试样的总重量后，先用大孔径筛开始依次筛分。为了使筛分的结果具有可比性，必须按规定的给料制度和振荡时间进行。称出每号筛上筛余试样的重量。用下式计算各级块度的重量占其总重量的百分比：

$$U = \frac{W_j}{W_z} \times 100\% \tag{1-21}$$

式中　U——某一级的块度重量百分比，%；

W_j——某一级试样筛余重量，kg；

W_z——筛分试样的总重量，kg。

求出各号筛的累计筛余百分比，即各级块度累计百分比后，以它为纵坐标，以筛孔尺寸为横坐标，可绘制筛分曲线。筛分法测定块度组成是可靠的，但劳动量大，耗时长，在采场内测定操作困难且需要较多的设备。在实验室内可用图 1-2 所示的旋振筛来筛分试样，可以在一定程度上提高实验效率。

彩图

图 1-2　旋振筛

B　块度尺面积法

这种方法就是在矿岩散体堆的表面上，测定各级矿岩块的水平投影总面积占整个测定面积的百分比。经块度组成测定证实，在松散矿岩堆表面上，各级块度所占的面积百分比，与其堆体内各级块度所占体积百分比几乎是一致的。因此，块度组成的测定，可以直接在扒平的矿岩散体堆表面上，圈定出一定尺寸的测定面积。铺上块度尺，在块度尺上放上透明坐标纸，在良好的照明条件下，把各级矿岩块的轮廓描绘在方格坐标纸上；或按块度尺各格子内，所显现的矿岩块轮廓，临摹在方格坐标纸上，如图 1-3 所示。再计算各级矿岩块的总面积，然后计算它们各占整个测定面积的百分比，就可得出块度的组成。某一级块度的面积百分比，用下式计算：

$$U_m = \frac{S_j}{S_c} \times 100\% \tag{1-22}$$

式中　U_m——某一级块度的面积百分比，%；

$\quad\ \ S_j$——某一级块度的总面积，mm^2；

$\quad\ \ S_c$——被测定范围的总面积，mm^2。

用块度尺面积法测定块度组成时，选择测定地点必须注意，选定的测定地点矿岩块应是自然堆放，且具有充分的代表性；测定面积的控制范围，应根据所测松散矿岩体中最大矿岩块尺寸来决定。一般所控制的测定面积的最小边长可由式（1-23）来确定：

$$l_k = 3\sqrt{S_z} \tag{1-23}$$

式中　l_k——所控制测定面积的最小边长，cm；

　　　S_z——最大矿岩块的水平投影面积，cm²。

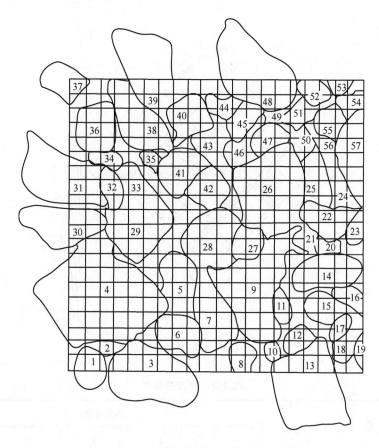

图 1-3　块度组成的块度尺面积测定平面图

只要满足上式条件，在任何情况下，都能测出一个完整的最大矿岩块的面积。块度尺的结构如图 1-4 所示，一般块度尺的尺寸为 1 m×1 m，一个网格的尺寸为 10 cm×10 cm 或 20 cm×20 cm，可以折叠。

C　照相法

（1）照相面积法。这种方法的原理与块度尺面积法相同，也是在松散矿岩堆表面上铺上网格为 10 cm×10 cm，整个尺寸为 1 m×2 m 的白色块度尺，用照相机把块度尺内的矿岩块拍照下来。在照片上计算每一级块度的总面积占整个尺内面积的百分比，就可以确定出每一级块度所表示的块度组成。

用照相面积法测定块度时，也应选择具有代表性的地点。拍照时一般应使照相机轴与被照表面相互垂直，以便拍摄正面照片。如果两者成一定倾斜角度，则照片上块度尺和矿岩块都有一定的变形，后期需对照片进行几何变换。若块度尺上有可见刻度，可直接用变形了的尺寸来计算矿岩块尺寸，否则要用图解法确定方格网的修正系数来矫正"像差"。照片上的物体与实物之间的比例，可采用 1∶10 或 1∶20。把照片上的矿岩块进行分级，见表 1-2。

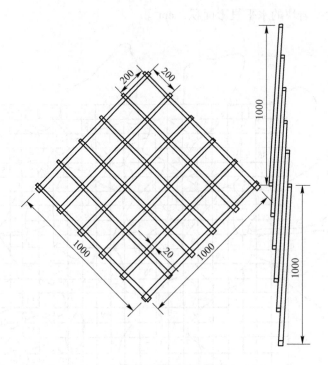

图 1-4　可折叠的块度尺

表 1-2　块度分级表

分级种类	块度分级代号				
	1	2	3	4	5
现场块度分级/mm	<20	20~100	100~300	300~500	>500
1∶20 照片上的块度分级/mm	<1	1~5	5~15	15~25	>25
1∶20 照片上按面积的块度分级/mm²	<1	1~20	20~180	180~490	>490
照片上落在块上点数的块度分级/点数	1	1~20	20~180	180~490	>490

　　照片上按面积来划分块度分级的基础，是假设矿岩块通过一定直径的筛孔时，这个矿岩块的水平投影面积将不超过等值圆的面积。最后，把照片上所圈出的轮廓并编上号的矿岩块，分级计算其总面积，再计算各级总面积占整个照测面积的百分比，即可得出块度组成。

　　（2）照相频率法。这种方法同样利用照相面积法所拍的照片和照片上块度分级与代号。对照片上块度尺内每个网格里占优势的块度级代号，注在照片网格上。当全部网格都注好分级代号后，就可以算出每一级块度出现的频率数。再算出每一级块度频率数占全部频率数 f 之比就得相对频率数，也就代表了各级块度占总体块度的比。一般采用选举唱票法计算频率。计算实例见表 1-3。

表 1-3 频率计算表

分级代号	现场块度分级	照片上的块度分级	唱票法计算频率的结果	频率数 f_i	相对频数 f_c	计算公式 $f_c = f_i/f$
1	<20 mm	<1 mm	正正正正正	30	0.15	$f_{c1} = f_1/f$
2	20~100 mm	1~5 mm	正正正正正正正正正	60	0.30	$f_{c2} = f_2/f$
3	100~300 mm	5~15 mm	正正正正正正正正正正正	70	0.35	$f_{c3} = f_3/f$
4	300~500 mm	15~25 mm	正正正正	20	0.10	$f_{c4} = f_4/f$
5	>500 mm	>25 mm	正正正正	20	0.10	$f_{c5} = f_5/f$
			合计	$f = 200$		

还可以利用点频率法。这种方法是在照片上铺盖上一块带有 2 mm×2 mm 网格的，尺寸为 60 mm×90 mm 的，包含均匀分布的 30×45 = 1350 个点的透明玻璃片。根据落在矿岩块上点的数目，把矿岩块度分成五级，见表 1-3。计算落到每一级矿岩块上点的频率总数，再计算每一级点的频率总数占全部照片上点的总数的百分比，也可以得出块度组成。点的计算也可以用唱票法。

照相法测定矿岩散体的块度组成，速度快，工作量小、简单、方便、可靠。

D 多角形计算法

这种方法是把矿岩块的外形，用极接近的多角形来表示，并确定各多角形各顶点的坐标，而后按各多角形顶点坐标来计算各矿岩块的面积。再计算各级矿岩块的总面积与整个测定总面积的百分比，就可以求出块度组成：

$$S_d = \frac{1}{2} \sum_{i=1}^{n} (x_i y_{i+1} - x_{i+1} y_i) \tag{1-24}$$

式中 S_d——每个矿岩块的外形投影面积，mm^2；

x_i，y_i——矿岩块外形的多角形顶点的坐标；

n——每个矿岩块多角形顶点数目。

这种方法可以利用录像机和图像显示器，把各矿岩块的多角形顶点坐标数据记录下来，并以信息形式输入电子计算机。按一定程序计算各矿岩块多角形面积，然后算出各级矿岩块面积的总和，再计算各级矿岩块总面积占整个测定总面积的百分比，便能得出块度组成。与以上其他方法相比，录像计算可以自动化，减少工作量，提高测定速度，方便，可靠。由于测定速度快，能较快地评价松散矿岩的破碎质量，可以及时地改进凿岩爆破参数，从而提高放矿工艺效果和出矿强度。

1.1.6.4 矿石散体块度组成的均匀性评价

矿石破碎的均匀性，对放矿的影响很大。块度过大或者过于粉碎，对放矿时矿石的流动性、放矿强度和矿石回收都是不利的。这就要求能对所崩落矿石的均匀性进行评价。评价方法可以采用各种不同的指标和图解，如用块度的平均直径、大块产出率、块度不均匀系数和块度组成曲线等，这里只介绍块度不均匀系数评价方法。

块度不均匀系数在统计学里称为变异系数，用式（1-25）来表达：

$$K_{\mathrm{d}} = \frac{\sigma}{d_{\mathrm{d}j}} \times 100\% = \frac{\sqrt{\dfrac{\Sigma (d_{\mathrm{p}i} - d_{\mathrm{d}j})^2 u_i}{\Sigma u_i}}}{d_{\mathrm{d}j}} \times 100\% \tag{1-25}$$

式中　K_{d}——块度不均匀系数，%；

　　　Σ——标准离差，mm；

　　　$d_{\mathrm{d}j}$——几种不同等级矿石块的平均直径，mm；

　　　$d_{\mathrm{p}i}$——某一级块度的平均直径，mm；

　　　u_i——相应某一级块度所占重量百分比，%。

块度均匀程度的判定标准是，当 $K_{\mathrm{d}} < 40\%$ 时，表示矿石破碎得均匀；K_{d} 为 $40\% \sim$ 60% 时，表示破碎得中等均匀；$K_{\mathrm{d}} > 60\%$ 时，表示破碎得不均匀。

1.1.6.5　粉矿和黏土对放矿的影响

当崩落的松散矿石粒径小于 5 mm 时，一般称为粉矿。根据粒径的不同，又可把粉矿分为以下几级：当松散矿石粒径为 0.25 ~ 5 mm 时，称为粗粒粉矿；当松散矿石粒径为 0.05 ~ 0.25 mm 时，称为细粒粉矿；当松散矿岩粒径为 0.005 ~ 0.05 mm 时，称为尘土颗粒；当松散矿岩粒径为 <0.005 mm 时，称为黏土颗粒；其中尘土颗粒和黏土颗粒称为细泥，细泥与细粒粉矿又称为泥质。

实验证明，崩落的松散矿石中含泥量和湿度，对放出体的体形肥瘦影响很大。当矿岩散体的湿度为 4% ~ 7% 时，块度均匀不含泥质，则流动性好，放出体肥大；而当含泥量达 14% 时，则开始自行结块；若含泥量达 25%，则黏结性显著增大，放出体的体形成空洞或细长管子状，使放矿条件恶化。

有的矿山，在放矿时小块废石将通过矿岩接触面渗入松散矿石中，所引起的贫化很大，甚至成为该矿山贫化损失的主要根源。

1.1.7　散体的自然安息角

由于散体具有一定的流动性，在自重作用下（有时可能在自重和静压双重作用下）移动，将形成一个稳定的坡面，自然静止坡面与水平面间的夹角为自然安息角。目前，国内外学者对自然安息角的定义略有不同，研究所得的结论也不尽相同。综合来看，自然安息角的定义应以模拟生产条件为基准，是比较恰当的。

1.1.7.1　自然安息角测定方法

A　无底圆筒测定法——有静压力、无边壁的影响

无底圆筒如图 1-5 所示，其规格根据所测矿石粒径来决定。一般无底圆筒的直径应大于试样最大粒径的 4 ~ 5 倍，无底圆筒的直径与高度之比为 1:3。测矿石粒径小于或等于 15 mm 的矿岩散体，选用直径为 60 mm 或 75 mm、高为 180 mm 或 225 mm 的无底圆筒较为合理。

测定时，把无底圆筒放置在一个平面上，将要测的散体试样装满圆筒。然后用人工或用滑轮组缓慢平稳地把圆筒垂直向上提起，散体试样就自然地流动并形成一个锥体。这个锥体的锥面与水平面的夹角，就是该散体试样的自然安息角。量出锥堆体高度与锥堆体底的直径（见图 1-6），用式（1-26）计算自然安息角：

$$\tan\beta = \frac{h}{R} \tag{1-26}$$

式中　　β——自然安息角，°；

　　　　h——锥堆体高度，mm；

　　　　R——锥底半径，mm。

(a)

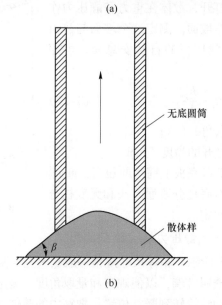

无底圆筒

散体样

β

(b)

彩图

图 1-5　无底圆筒法测自然安息角

（a）实物图；（b）示意图

测出一个自然安息角的数据，要重复多次测量，取其算术平均值。测量锥堆体底半径，可以不考虑散落距锥堆体很远的矿石散块。从式（1-26）看出，如果锥堆体高度减

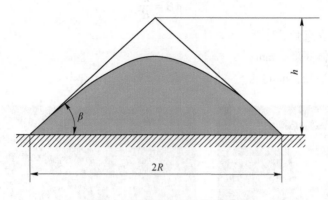

图 1-6　自然安息角计算示意图

小或锥底半径增大，其自然安息角减小；反之，自然安息角增大。显而易见，无底圆筒测定法是在一定的静压力和没有边壁影响条件下完成自然安息角的测定，这与卸矿场和废石场矿岩堆积的自然安息角形成的条件相近似。

　　B　载压测定法——有静压力、有边壁的影响

　　载压测定法的装置结构如图 1-7 所示，它是模拟现场静压力条件下，测自然安息角的一种装置。测定时，把欲测的散体试样放入箱体内，扒平，放上压力均匀的传递塞，在传递塞上按比例加上重物（如砝码），然后将箱体前壁下的旋转闸门打开，散体在重力和静压力作用下自然流动形成一个自然坡面。测定这个坡面与放出口底板所夹的角度，即为载压下的自然安息角，可用式（1-27）计算：

$$\tan\beta_y = \frac{h_y}{l_y} \qquad (1\text{-}27)$$

式中　β_y——载压自然安息角，（°）；

　　　h_y——放矿口闸门打开的高度，mm；

　　　l_y——散体样在放矿口底板上铺落的距离，mm。

　　这种装置可用于模拟有底柱分段崩落法和无底柱分段崩落法中自然安息角的测定。

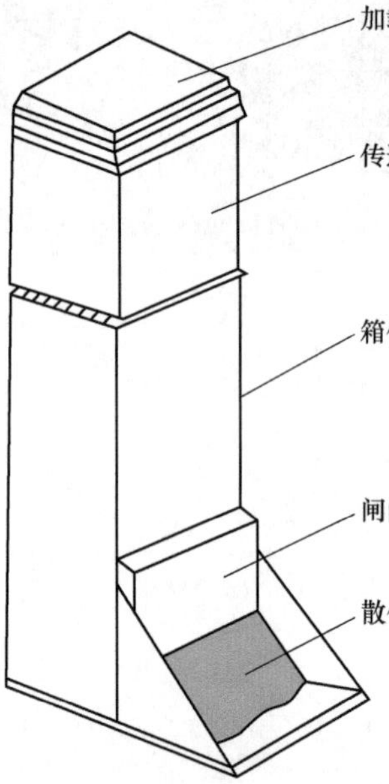

图 1-7　载压测定法的装置

　　C　旋转箱测定法——无静压力、有边壁的影响

　　旋转箱的结构如图 1-8 所示。箱体尺寸规格一般长×宽×高为 40 cm×20 cm×20 cm，箱底装有轴承，两边装有透明玻璃，以便观察和量取角度。测定时，把要测的散体试样装入箱体内，使箱体绕中间轴承旋转到竖立位置。把箱内的散体试样扒平，再使箱体转到水平位置，插上固位板，使箱体固定。此时，散体试样在箱内自然形成一个斜面，这个斜面与水平面所成的夹角，就是要测散体试样的自然安息角。可利用测角仪或量角器直接在箱体玻璃上量取自然安息角。它是模拟空场采矿法、留矿采矿法（后期）的一种自然安息角的测定方法。

D 塌落测定法——无静压力、有滚动和滑动摩擦力的影响

塌落测定法装置的结构，如图1-9所示。这种装置的箱体内空尺寸，长×宽×高 = 700 cm×150 cm×200 cm。测量时，将散体试样装入箱体内，扒平，然后缓慢打开底部闸门，散体试样自由流出，残留于箱体内的散体形成一坡面，坡面与水平面的夹角就是自然安息角，其角度大小，可用测角仪或量角器直接在箱体玻璃上量取。它是模拟矿仓和溜井条件的一种自然安息角的测定方法。

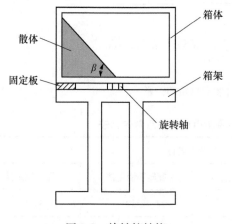

图1-8 旋转箱结构

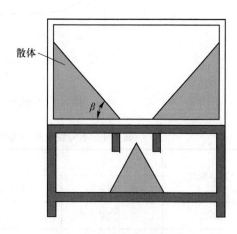

图1-9 塌落测定法的装置

自然安息角测定方法的选定，应根据散体试样的粒径、黏结性和测定要求等决定。自然安息角是散体颗粒之间的摩擦力、黏聚力和重力平衡的一个标志，然而它只是散体堆表面上颗粒平衡条件，对放矿巷道和放矿装置的设计是很重要的。但在采矿生产实践中，自然安息角与形成的条件有密切的关系，它往往是在形成过程中还受到静压力或动力冲击作用，不受外力影响的情况是很少的。由于测定条件与测定方法不同，所测得的自然安息角值变化也较大。故在使用自然安息角数据时，应注意具体分析；或针对具体条件，分别进行专门的测定。

1.1.7.2 影响自然安息角的因素

A 散体块度尺寸与测定装置

自然安息角随散体块度尺寸的增大而减小，如图1-10所示，块度从1 mm增加到80 mm时，自然安息角减小，特别是块度较小的一段，减小速度非常快。当块度增加到80 mm以后，自然安息角趋于稳定。其主要原因是随着块度尺寸增加，散体之间总比面积减小，它们相互之间的摩擦也相应地减少；但当块度增大到一定值以后，它们相互镶嵌机会增多，补偿了总比面积减小的影响，自然安息角趋于稳定。此外，粗细混合的散体自然安息角近似等于粗细块的自然安息角的平均值。

根据不同模拟条件设计的自然安息角的测定装置，测得的自然安息角值不相同，见表1-4。四种测定自然安息角的装置，对不同块度的同一种散体测得的自然安息角的大小也不一样，这主要是由于测量装置模拟条件不同所致。在采矿生产中，应根据不同采矿方法或现场条件选用不同的测定装置和测定方法，这样测得的自然安息角才会与生产实际相近。

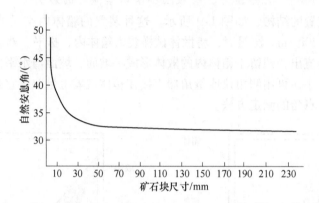

图 1-10　散体块度与自然安息角的关系

表 1-4　不同块度与不同测定装置所得自然安息角的比较

散体颗粒	测定装置名称			
	载压测定法	无底圆筒测定法	旋转箱测定法	塌落测定法
细粒	35°28′	34°00′	38°10′	42°12′
中粒	34°46′	33°54′	37°36′	41°24′
粗粒	33°40′	30°49′	36°48′	40°48′
混合粒	34°35′	32°17′	37°00′	41°00′

B　散体的湿度

散体的湿度增加，颗粒间的黏聚力也增大，因此自然安息角也会随散体湿度的增加而增大。当散体的湿度达到了饱和程度后，散体颗粒之间充满水，摩擦力大幅度减小，自然安息角也随之减小，见表 1-5。

表 1-5　自然安息角与湿度的关系

散体名称	自然安息角/(°)		
	干的	潮的	湿的
碎石	32 ~ 45	36 ~ 48	30 ~ 40
砂子	28 ~ 35	30 ~ 40	22 ~ 27
砂质黏土	40 ~ 50	35 ~ 40	25 ~ 30

1.1.8　散体的外摩擦角

散体颗粒沿斜面或斜槽，由静止状态转为运动状态（开始下滑）的瞬间，所在斜面与水平面的夹角，称为外摩擦角。外摩擦角的正切，称为外摩擦系数。在采矿工程中，为了使散体沿某一斜面（如斜溜井、放矿漏斗翼面等）自由下滑，这个斜面倾角必须大于外摩擦角。传统测定外摩擦角的装置如图 1-11 所示。

测定时，把待测的散体试样放置在距转轴 8 ~ 10 cm 的可旋转槽中，用绳索慢慢平稳地把旋转槽上提，当散体开始下滑的瞬间停止上提。测量旋转槽底板斜面与水平面的夹角，此角就是外摩擦角，可用式（1-28）计算：

$$\sin\alpha_w = \frac{h_x}{l_x} \qquad (1-28)$$

式中　α_w——外摩擦角，（°）；

　　　h_x——旋转槽所提的高度，mm；

　　　l_x——旋转槽的长度，mm。

对不同粒级的磁铁矿石，用外摩擦角测定装置测定，外摩擦角测定结果见表 1-6。

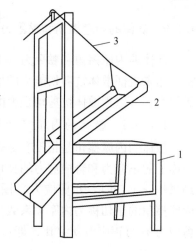

图 1-11　外摩擦角测定装置
1—装置架；2—旋转槽；3—拉绳

表 1-6　外摩擦角测定结果

块度分级/mm	外摩擦角值/（°）			
	木材底板		铁　底　板	
	自然湿度	湿的	自然湿度	湿的
+160	28.0	—	23.0	—
−160 +80	32.0	—	26.0	—
−80 +40	32.5	27.0	26.5	24.5
−40 +20	34.0	30.0	27.5	25.0
−20 +8	35.0	34.0	28.5	26.0
−8 +5	37.0	46.0	30.0	40.0
−5	45.0	51.0	34.0	43.0

由表 1-6 可知，散体颗粒的尺寸越小，外摩擦角越大；反之，外摩擦角越小。散体的湿度对外摩擦角有较大的影响，当散体的湿度超过一定值时，外摩擦角大幅度降低，该条件下的采场散体有可能产生"矿石流"，因此，湿度存在临界值。在临界湿度范围内，湿的散体中大块的外摩擦角要比自然湿度条件下的外摩擦角小；而湿的散体中细颗粒的外摩擦角要比自然湿度条件下的外摩擦角大。此外，外摩擦角还与接触面的光滑程度有关，接触面粗糙，外摩擦角大；反之，外摩擦角小。不同的接触材料，外摩擦系数也不相同，见表 1-7。

表 1-7　不同物料静态接触时的外摩擦系数

物料品种	钢与铁矿石	钢与花岗岩	钢与砂岩	花岗板岩与花岗岩	木板与石材	混凝土板与石材
摩擦系数	0.42	0.45	0.38	0.66	0.46 ~ 0.60	0.76

1.1.9 散体的内摩擦角和黏聚力

散体的内摩擦角和黏聚力（又称为初始剪切力）是散体非常重要的物理力学参数指标，用来表征散体抗剪切能力的大小，也可反映散体流动性能的大小。散体的内摩擦角和黏聚力，可以用散体抗剪切强度的直接剪切实验和三轴剪切实验来测定。

1.1.9.1 散体的内摩擦角

散体的内摩擦角是指没有黏聚力的散体内部发生剪切破坏的瞬间，作用在散体内部剪切面上的正应力和合成应力的夹角。内摩擦角可以用散体抗剪强度实验法求得，根据实验结果作 σ-τ（正应力-剪应力）图解，抗剪强度曲线与横坐标 σ 的夹角称为内摩擦角 φ，内摩擦角的正切称为内摩擦系数 f。因此，内摩擦系数是散体在破坏瞬间沿剪切面的极限剪应力 τ 与正应力 σ 之比，即：

$$f = \tan\varphi = \frac{\tau}{\sigma} \tag{1-29}$$

在矿山实际中，如果矿岩散体含有黏土和水分（非理想的散体），则具有黏聚力 C。因此，内摩擦系数应为剪应力与黏聚力之差（$\tau - C$）与正应力 σ 之比，即：

$$f = \tan\varphi = \frac{\tau - C}{\sigma} \tag{1-30}$$

在散体内部，相互接触的颗粒在发生相对位移时将产生一种内摩擦力。根据接触情况和状态，内摩擦力可分为静内摩擦力、滑动内摩擦力和滚动内摩擦力：

（1）散体内部相互接触的面没有发生滑动而是处于静止状态，但在力的作用下已经有了一部分沿另一部分产生滑动的趋势，这种阻碍散体转向运动的力，称为静内摩擦力；

（2）散体内部的一部分沿另一部分呈平面或曲面滑动时所产生的阻碍滑动的力，称为滑动内摩擦力；

（3）散体颗粒在另一个面上滚动时所产生的阻碍滚动的力，称为滚动内摩擦力。这三种内摩擦力均有相应的摩擦系数和内摩擦角。通常所指的内摩擦角是指与静摩擦力相对应的摩擦角。

散体的松散性、湿度、块度组成、块的形状、表面粗糙程度和剪切速度等，对散体的内摩擦角有很大的影响。

（1）松散性。随着散体松散系数的增大，内摩擦角、内摩擦系数和黏聚力均随之减小，见表1-8和图1-12；反之，随着压实度的增大，内摩擦角也增大，要使散体颗粒间产生相对位移，所需的剪应力也增大。因此，增大松散系数和孔隙率，减小压实度，对放矿有利。

表 1-8 内摩擦角和黏聚力与松散系数的关系

松 散 系 数	1.30	1.35	1.45	1.55	1.65	1.75
内摩擦角/(°)	46	45	43	40	38	36
黏聚力/MPa	0.5	0.26	0.20	0.05	0	0

（2）湿度。随着散体湿度的增大，毛细管作用产生的黏聚力和抗剪强度也急剧增加。采场在这种条件下放矿，就可能出现空洞，使放矿作业终止。但是，当散体的湿度达到饱和程度后，毛细管作用所产生的黏聚力将消失，内摩擦角也大幅度减小。

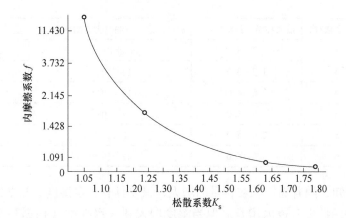

图 1-12 内摩擦系数与松散系数的关系

（3）块度组成。当细小颗粒和含黏土颗粒增多而且湿度很小时，则散体内摩擦角增大。

（4）块度形状和表面粗糙程度。同一种散体粒级，圆滑颗粒的内摩擦角小，非圆滑颗粒的内摩擦角大；多种粒级组成的不等轴尖角的散体内摩擦角大，而圆滑颗粒的内摩擦角小。当剪切速度提高时，内摩擦角减小。

综上所述，内摩擦角在很大程度上影响散体的流动性和放出体的大小。因此内摩擦角是一个非常重要的散体物理力学参数。

1.1.9.2 散体的黏聚力

当散体颗粒的接触面之间存在有胶结物质或水时，即使没有压力，也会使散体具有一定刚度和抗剪能力。这种初始的抗剪能力称为散体的黏聚力，它和内摩擦力共同决定着散体的抗剪强度。

散体的黏聚力既与所含黏性颗粒多少、湿度和压实度有关，又与孔隙中所含水分的毛细管作用有关。当黏土颗粒增多、湿度增大时，在压力作用下，散体会产生固结，黏聚力将增大，而黏聚力的大小对散体流动性有较大影响。散体的黏聚力可以在测定内摩擦角的同时测得。

散体在存放中失去松散性而结块的性质称为黏结性。在一定的放出漏斗口尺寸下，没有大块，可以自由地从漏斗口放出的散体，意味着不黏结；反之，在漏斗口之上形成黏结拱等，则说明有较大黏结性。有时用放矿口上空洞暴露的一定面积来衡量黏结的程度。例如，对一种湿度为 1.7% ~ 11%，含黏性颗粒为 0 ~ 40% 的散体黏结程度测定结果见表 1-9。

表 1-9 黏结程度测定结果

黏性含量/%	实验次数/次	最大黏结时的湿度/%	放矿口之上空洞最大暴露面积/m²	生黏结性的湿度极限/%
0	5	1.9 ~ 2.3	2.8×10^{-2}	2.0 ~ 2.5
3	4	2.0 ~ 3.0	4×10^{-2}	6.0
6	5	1.7 ~ 2.4	5×10^{-2}	7.0

黏性含量/%	实验次数/次	最大黏结时的湿度/%	放矿口之上空洞最大暴露面积/m²	生黏结性的湿度极限/%
9	5	1.7~3.0	7×10^{-2}	7.5
12	5	1.7~3.5	12×10^{-2}	8.0
15	4	2.0~4.0	18×10^{-2}	8.5
20	5	2.0~5.0	24×10^{-2}	9.0
30	5	2.0~5.0	32×10^{-2}	10.0
40	6	3.0~6.0	42×10^{-2}	11.0

由表1-9可知，随着黏性颗粒含量的增大，只要具有一定湿度，黏结性就会增大。随着湿度增大，黏结性也有很大增长。但当湿度增大到一定程度（根据黏性颗粒含量的不同），极限湿度为5%~11%时，反而会使黏结性降低。黏结性对散体流出的影响很大，黏结的散体很难从放矿口放出，易于形成拱和空洞。不仅会降低放矿效率，还会对安全造成很大威胁，并使纯矿石回收量降低，废石过早地侵入空洞，造成大的贫化和损失。

1.2　散体的力学性质

散体力学主要包括散体静力学、运动学和动力学（力与物体运动关系）。矿岩散体一般属于非理想的散体介质，矿岩块之间有一定的黏聚力，但其强度远比矿岩块本身的强度低。就组成散体的单个矿岩块而言，它具有固体的特性，属于固体的范畴；而就整个散体而言，它又有流动的性能又具有液体性质。故散体具有固体和液体的双重物理属性，这也就导致了散体力学性质的特殊性。

散体的力学性质也介于固体和液体之间。散体在容器中和液体一样，有向容器四周施加水平压力的性质，但水平压力的大小又和液体不同，不是等于同高的垂直压力，而要乘上一个小于1的侧压系数K_c，即：

$$P_s = K_c P_z \tag{1-31}$$

式中　P_s——散体水平压力，Pa；

　　　P_z——垂直压力，Pa；

　　　K_c——侧压力系数。

散体的K_c值介于0~1，固体为0，液体为1。所以从这一点看，散体的力学性质也具有固体和液体的双重性。同时，散体在一定条件下存在向固体或液体转化的可能性，如散体湿度超过临界值，则变成"泥石流"，向流体转化；而散体结块，则是散体向固体转化的一种表现。

1.2.1　散体的抗剪强度

散体的强度（即破坏强度）主要取决于它的抗剪强度。确定散体抗剪强度的简单方法如图1-13所示。把散体试样放置在由上下两部分组成的环内，下部是固定不动的，上部在剪切力F_s作用下可以沿着Ⅰ—Ⅰ断面在水平方向移动。垂直于断面Ⅰ—Ⅰ施加力F，可用千分表等装置对水平位移进行测量。有时则把下部做成活动的，把上部做成不动的。

实验时将力 F 固定不变，逐渐加大力 F_s，一直加大到一部分散体对另一部分刚刚发生滑动为止。对于不同的 F 值进行重复实验，确定每组实验的极限剪力值，即散体抗剪强度的合力 F_s。

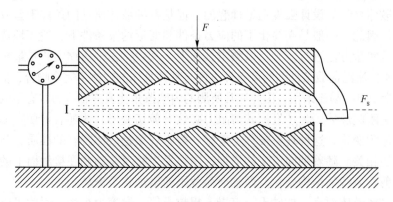

图 1-13　散体抗剪强度测试示意图

实验结果表明，散体的剪切力与法向压力之间的关系具有图 1-14 所示的曲线形式。这条曲线在整个长度上，除开始一段外，其他段处曲率均很小，因此为了便于应用，可用直线（见图 1-14 中的虚线）来代替，相当于采用库仑定律。根据此定律，散体的剪切力等于内摩擦力和黏聚力之和，即：

$$F_s = Ff + CA \qquad (1-32)$$

式中　F_s——散体的剪切力，N；

　　　F——法向压力，N；

　　　f——散体的内摩擦系数，等于内摩擦角中的正切，即 $f = \tan\varphi$ 或 $\varphi = \arctan f$；

　　　C——单位黏聚力（即发生在单位剪切面积上的黏聚力），N；

　　　A——剪切面积，m^2。

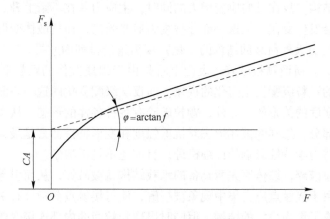

图 1-14　剪切力与法向压力间的关系

为了得到抗剪强度 τ 可用剪切力与剪切面积 A 的比值来表示，即：

$$\tau = \frac{F_s}{A} = \sigma\tan\varphi + C = \sigma'\tan\varphi \qquad (1-33)$$

式中　　σ'——换算法向应力，即考虑由内部黏聚力引起的应力，$\sigma' = \sigma_0 + \sigma$，Pa；

　　　　σ——垂直于剪切面的应力，$\sigma = F/A$，Pa；

　　　　σ_0——黏性应力，$\sigma_0 = C/\tan\varphi$。

另外，散体材料的设计强度是最理想的，但是各种散体所处的条件千差万别，往往难以准确评价。因此，一般是在简化了的应力条件和变形约束条件下，适当地选用若干种标准的抗剪强度实验方法进行实验，以测定其强度。其中，三轴压缩实验是最常用的实验方法。这种实验方法的荷载条件和约束条件也许与某种具体的散体不完全吻合，但因其实验原理和方法较为简单、易于采用，因此通常所测的内摩擦角比真三轴应力状态下的测定值小。

散体不是刚塑性体，为了发挥其剪阻力必然有剪切变形，伴随着剪切变形，一般还会出现明显的体积变化，这种现象被称为剪胀。剪胀现象是散体特有的性质，与散体的物理力学性质密切相关。随着轴向应变的增加，颗粒发生相对移动和在接触面上的滑动，向着可承受更大剪切荷载的结构变化，而轴向荷载不断增加直至破坏。

对于大多数散体而言，如砂土、碎岩、粗粒土等，黏聚力很小，因此可以认为抗剪强度主要是受颗粒间的摩擦、剪胀、重新排列、颗粒破碎等因素的支配。

（1）颗粒间的摩擦。在整个剪切过程中，与外部荷载平衡的是作用于接触面的正应力和摩擦阻力。说明摩擦性散体材料的抗剪强度的基本机理在于颗粒间的摩擦，故在支配抗剪强度的诸因素中，摩擦起主要作用。

（2）剪胀。剪切当中外加能量的一部分将消耗于试样的体积膨胀，可认为通过扣减这部分能量来评价抗剪强度。经过体积膨胀（或压缩），散体的咬合状态向着更为稳定的方向变化，确保其结构能够承受更大的外力。随着剪切变形，不仅有一部分必要的能量要消耗于可观察到的体积变化，而且同时会产生这种从外部无法观察到的内部体积结构的变化，这种综合效果称为剪胀效应。

（3）颗粒重新排列。随着剪切变形的发展，颗粒之间将产生滑动和转动，即颗粒的重新排列。这种排列不断向着新的结构状态转化，直至出现峰值强度。重新排列的结果必然是强化其承载结构，故在轴向应变增大的同时，主应力差在不断上升。由于颗粒重新排列，体积一般也会发生变化，但这一部分被视为剪胀效应，而把散体变形下的正向的结构变化（即向可承受更大外荷载的结构的变化）视为重新排列的效果。

（4）颗粒破碎。所谓颗粒破碎，表面上看是由于组成散体的颗粒群体中的一部分破坏分离，使最初的颗粒级配发生变化的现象。而仅从级配变化的这一表面现象是很难理解颗粒破碎与抗剪强度的关系的。此外，颗粒破碎有各种各样的形态，从接触点的压碎到整个颗粒破裂为两部分，怎样的破坏形态对抗剪强度和变形特性而言是最为重要的，诸如此类有关颗粒破碎对力学特性影响的详细机理，目前还不是很清楚。

一旦发生颗粒破碎，散体原先所具备的承载结构就被破坏，从而引起颗粒间接触点荷载的重新分配。由于接触点应力集中现象被缓解，使得接触点荷载分布平均化。就荷载分布而言，虽然形成了更为稳定的结构，但同时出现颗粒间的内部连接变弱，颗粒移动变得相对容易，反而阻碍了剪胀效应的发挥。可以认为这是使内摩擦角降低的主要原因。

1.2.2　散体的变形

散体的变形远较其他工程材料的变形复杂，其复杂性主要表现在很多种因素都可能导致散体的变形。这些因素有散体在压力作用下会发生体积的压缩、变形和固结，在压力减小时会发生散体的膨胀回弹，湿度变化会在散体中发生水分的迁移、冻融，而使散体发生变形。湿度变化会引起散体的干缩或湿胀，甚至使散体结构失稳而发生过量的变形。化学环境的变化，会改变颗粒与水的相互作用，从而影响散体的变形特征。

1.2.2.1 散体的变形特点

A 散体的结构变形

散体介质受到外载荷以后，构成介质骨架的固体颗粒互相移动。与此同时，孔隙体积改变，内部结构变化，颗粒之间原接触点破坏并转为新的更稳定的平衡状态；或者颗粒之间黏聚力破坏，整个松散体破裂，这种变形就称为结构变形。结构变形是不可逆的塑性变形。散体的变形主要为不可逆的结构变形。

B 散体的弹性变形

黏结性大的散体，颗粒之间充满水膜，受外力作用以后水膜厚度发生与吸附力有关的变形，这种变形是可逆的，称为吸附变形。

散体的变形主要表现为它的孔隙比的变化：压缩表现为孔隙比减小，松散表现为孔隙比增大。而单个颗粒的变形是很小的，因而，在研究散体变形时，往往将固体颗粒的这种微小变形忽略，所以散体的变形力学主要是研究孔隙率与法向主应力、孔隙比与散体体积的变化之间的关系。

在不发生侧向变形条件下，散体介质压缩主应力 σ 与孔隙比 K_{kx} 之间的关系可写成：

$$K_{kx} = K_{kx}(\sigma) \tag{1-34}$$

这表示散体介质的孔隙比值是主应力的函数。

同理，也可以求出与孔隙比有密切关系的散体介质的密度 ρ、内摩擦角 φ 及黏聚力 c 与主应力 σ 的关系：

$$\rho = \rho(\sigma) \tag{1-35}$$

$$\varphi = \varphi(\sigma) \tag{1-36}$$

$$c = c(\sigma) \tag{1-37}$$

1.2.2.2 放矿时矿岩散体的变形特点

崩落矿岩散体从采场放出过程中所发生的变形具有以下几个特点。

（1）崩落矿岩散体从采场放出过程就是它发生变形的过程，这个变形由弹性变形和结构变形两部分组成，且大部分属于结构变形。

（2）崩落矿岩放出时，松散和压缩两种变形状态同时发生，放矿口上部松动带内表现为松散，孔隙比增加；松动带周围表现为压缩，孔隙比减小。

（3）在其他条件相同的情况下，颗粒之间的接触联结力和摩擦力对崩落矿岩的结构变形产生决定性的影响，而这种联结力主要取决于崩落矿岩的初始密度。初始密度越大，孔隙度越小，矿岩越难以放出，结构变形越难以发生。摩擦力与放矿高度相关，松散矿岩的高度越大，颗粒间的摩擦力和剪切强度越大。挤压崩矿以后矿石在开始难以放出，就是因为块状矿石之间挤得很紧，接触联结力很大的缘故。

（4）崩落矿岩散体的压实效果与载荷的性质关系很大。动载荷对崩落矿岩的压实作用要比静载荷大，所以井下经常性爆破，特别是挤压大爆破对崩落矿岩的压实作用要比静载荷大得多。

(5) 外加压实和外加松动对崩落矿岩的变形又有差别。实践证明，不论外加载荷的性质如何（动载荷或者静载荷），对崩落矿岩的变形程度的影响比起松动作用给崩落矿岩的变形影响程度要微弱得多。许多矿山为了防止采场内矿石结块和降低底柱上承受的压力，会定时从漏斗中放出一定的矿石，使之经常保持松动，就是利用了崩落矿岩这一力学特性来消除压实带来矿岩的流动性差问题。

(6) 重力松动和振动松动对崩落矿岩的流动性也有很大影响。以细粒矿石为例，在强烈的振动力作用下，内摩擦系数减小，矿岩的流动角大幅度降低，这就是目前国内外应用振动出矿的理论依据之一。

1.2.3 散体应力极限平衡理论

1.2.3.1 放矿过程中矿岩散体力系平衡的破坏

矿石通过放矿口的流动问题，是放矿研究中的基本问题，这就需要了解矿石流动的条件与过程。放矿之前，整个松散矿岩处于相对静止状态。打开漏斗闸门开始放矿以后，位于放矿口上部颗粒的静力平衡受到破坏，开始流出放矿口。一个颗粒落下就破坏了位于该颗粒之上的另一个颗粒的平衡，这样另一个颗粒和周围的颗粒一道同时加入运动，流向放矿口。这种平衡状态的连续破坏过程，就是矿岩不断从采场流出的过程，一直达到新的平衡为止（如放矿口堵塞、闸门关闭等）。松散矿岩的流动与停止，是以下诸力相互作用的结果：重力、矿岩散体的内摩擦力、矿岩散体与岩壁或静止边界的外摩擦力、矿岩散体的黏聚力。

矿岩散体产生流动的条件是：重力大于其余各力的合力；

矿岩散体停止流动的条件是：重力的作用小于各力的合力；

矿岩散体流动与停止流动的极限平衡条件是：重力恰好等于其余各力的合力，且作用方向正好相反。一旦这种平衡破坏，松散矿岩就开始流动。

1.2.3.2 散体应力极限平衡理论

A　应力极限平衡理论的物理含义

如前所述，散体的应力极限平衡状态是整个物料或者它的某一区域内的初始抗剪力和内摩擦力刚好被克服的应力状态。散体的这种应力极限状态的出现引起散体的运动。这就是要讨论的散体介质应力极限平衡理论的基本含义。

B　应力极限平衡方程

研究散体介质的某一点，并设想通过该点有一具有法线 η 的任意微面。在该微面上作用着法向应力分量 σ_n 和切向应力分量 τ_n，如图 1-15 所示。

在平衡破坏时，黏性不大的散体介质沿着该微面的抗剪强度是一线性关系，即：

$$|\tau_n| = \sigma_n \tan\varphi + c \tag{1-38}$$

该式说明，抗剪强度是由内摩擦力和黏聚力产生的阻力组成的。

显然，如果在散体介质内的任一点上满足以下基本条件：

$$|\tau_n| \leqslant \sigma_n \tan\varphi + c \tag{1-39}$$

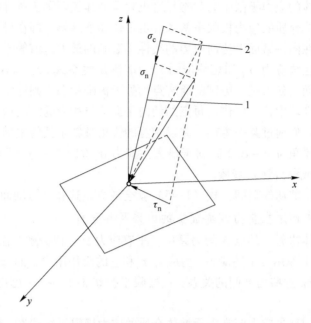

图 1-15　某点应力

1—实际应力向量；2—引用应力向量

并且：

$$\sigma_n \geqslant -c\cot\varphi \qquad (1-40)$$

则该散体将不发生滑动。

假设：

$$\sigma_c = c\cot\varphi \qquad (1-41)$$

式中　σ_c——换算黏性应力。

该换算黏性应力可以理解为散体的各方向均相等的极限抗拉强度。因此，作用在微面上的应力除实际应力向量以外，还可以引入所谓引用应力向量的概念（见图 1-15）。该向量有法向应力 $\sigma_n + \sigma_c$（称这个合成应力为换算总应力）和切向应力 τ_n。

这样，保证散体不发生滑动的不等式将有：

$$|\tau_n| \leqslant (\sigma_n + \sigma_c)\tan\varphi \qquad (1-42)$$

并且

$$\sigma_n \geqslant -\sigma_c \qquad (1-43)$$

因此，在 σ_c 不大的散体中，只可能有不大的法向拉应力，而在理想的散体中 $\sigma_c = 0$，就只有压缩法向应力。

为了所研究的点的散体介质的应力平衡，在通过该点的任意微面上，应当满足上述不等式，因而：

$$\max\left\{|\tau_n| - (\sigma_n + \sigma_c)\tan\varphi\right\} \leqslant 0 \qquad (1-44)$$

而当：

$$\max\left\{|\tau_n| - (\sigma_n + \sigma_c)\tan\varphi\right\} = 0 \qquad (1-45)$$

时的状态，就是散体的应力极限平衡状态，这也就是散体极限平衡条件的力学特性。

因而，对于散体介质的应力极限平衡条件也可作如下理解，即在极限状态时，切向应力的绝对值与作用在同一微面上法向应力的线性函数间的最大差值等于零。

如果微面上的法线应力 σ_n 和切线应力 $|\tau_n|$ 能满足关系式 $|\tau_n| = \sigma_n \tan\varphi + c$，那么这些微面称为滑动微面。如果某一区域的所有点均处于极限状态，则称整个区域处于极限状态。在极限状态的区域中，可以作出每点的切向平面均与相应的滑动微面相重合的面。这种面总是有两个，它们通过某一主轴，并以相等的锐角倾斜于其他主轴。这种面形成非正交的两族系，并以锐角 $\pi/4 - \varphi/2$ 倾斜于最大主应力 σ_1 的方向。这两个族系相应地称为第一和第二滑动（或称滑移）线族。

在散体介质发生剪切的瞬间，式（1-45）就会成立，这就是滑动面的极限平衡条件。

C　放矿过程中作用在重力流界面上的力系及其分析

在作用于松动体边界上某点 N 的力系中，垂直应力 σ 可以分解为法向分量 σ_n 和切向分量 τ_n。即在 N 点上作用着下述应力：剪应力 τ_n 和它的反作用力 $\sigma_n \tan\varphi$，以及初始抗剪应力（即为黏聚力）c。这些力之间的关系，在极限平衡状态条件下，可用 $|\tau_n| = \sigma_n \tan\varphi + c$ 表示。

为了方便，利用莫尔应力圆来表示散体介质的应力极限平衡状态，利用图解法求组成平衡条件的各个参数，图1-16表示莫尔应力圆。为了使所研究的问题简化，将有曲度的包络线近似用直线 AD 来代替。从莫尔应力圆图中几何关系可以明显地看出，抗剪强度线 AD 就代表极限平衡方程，即：

$$\tau_n = \sigma_n \tan\varphi + c \tag{1-46}$$

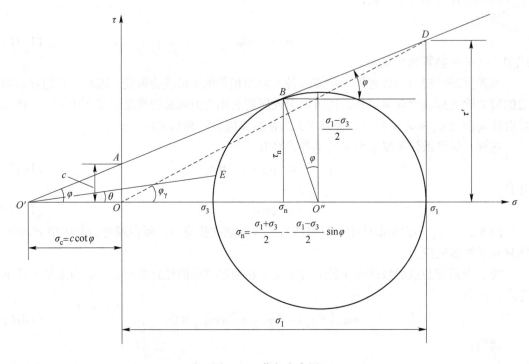

图1-16　莫尔应力圆

直线 AD 之上为滑动区，之下为平衡区。内摩擦角 φ 是直线与横轴的夹角。初始抗剪力 c 为 OA 线段。换算黏性应力 σ_c 为 OO' 线段。

从图 1-16 中还可以看出，当应力圆与 AD 线相切时，表示散体介质进入极限平衡状态，故 AD 线又称为极限线。假如有任何一个应力圆在该极限线范围以内，而不与极限线相切，那么，在散体内过任一点的平面都不能达到极限平衡状态。但是，与此相反，应力圆超出极限线外也是不可能的，因为此时应力圆切线的最大倾斜角将大于内摩擦角，此时散体早已发生移动。从图 1-16 还可看出，换算黏性应力 σ_c 的值就等于各个方向均匀拉伸时的极限强度。

进一步分析图 1-16，可以把最大倾角的正弦表达如下：

$$\sin\theta_{max} = \frac{O''B}{O'O''}$$

考虑到：

$$O''B = \frac{\sigma_1 - \sigma_3}{2}$$

及：

$$O'O'' = O'O + OO'' = \sigma_c + \frac{\sigma_1 + \sigma_3}{2}$$

于是最大倾角的正弦值等于：

$$\sin\theta_{max} = \frac{\sigma_1 - \sigma_3}{\sigma_1 + \sigma_3 + 2\sigma_c} \tag{1-47}$$

从图 1-16 中可以看出，最大倾角就等于内摩擦角 φ。于是当 $\sin\theta_{max} = \sin\varphi$ 时，又可以得到另一个应力极限平衡方程，即：

$$\sigma_1 - \sigma_3 = (\sigma_1 + \sigma_3 + 2\sigma_c)\sin\varphi \tag{1-48}$$

按照材料力学公式，用与坐标轴 x 及 z 平行的平面上的分应力来表示主应力：

$$\sigma_1 = \frac{1}{2}(\sigma_x + \sigma_z) + \frac{1}{2}\sqrt{(\sigma_x - \sigma_z)^2 + 4\tau_{xz}^2}$$

$$\sigma_3 = \frac{1}{2}(\sigma_x + \sigma_z) - \frac{1}{2}\sqrt{(\sigma_x - \sigma_z)^2 + 4\tau_{xz}^2}$$

那么，最大倾角的正弦值就可以用式（1-49）表示：

$$\sin\theta_{max} = \frac{\sqrt{(\sigma_x - \sigma_z)^2 + 4\tau_{xz}^2}}{\sigma_x + \sigma_z + 2\sigma_c} \tag{1-49}$$

而极限平衡条件可表达如下：

$$(\sigma_x - \sigma_z)^2 + 4\tau_{xz}^2 = (\sigma_x + \sigma_z + 2\sigma_c)^2 \sin\varphi^2 \tag{1-50}$$

以上导出了好几种应力极限平衡表达式，其目的是以后在不同情况下灵活应用。而这些表达式，实质上都处于同一库仑条件，只是表达方式有所不同而已。

由图 1-16 可知，具有黏聚力 c 的散体抗剪角并不是内摩擦角 φ。只有当正应力面上合力（总抗剪力）OD 的倾角等于 φ_γ 时，才发生破坏。抗剪系数 K_γ 可用式（1-51）表示：

$$K_\gamma = \frac{\tau_1}{\sigma_1} = \tan\varphi_\gamma \tag{1-51}$$

式中 φ_γ——抗剪角，它随正应力增长而减小。

该系数又可以用式（1-52）表示：

$$K_\gamma = K + \frac{c}{\sigma_n} \tag{1-52}$$

式中　K——内摩擦系数。

抗剪系数和内摩擦系数一样，可以根据它判断有黏聚力的松散矿岩从漏斗放出时的移动特点及移动难易程度。

D　平衡拱的形成与形成条件

如前所述，松散矿岩从漏斗中流出时，在流动带内松散颗粒在运动过程中受到内摩擦力、黏聚力及其他力的作用，在一定条件下形成平衡。由于放出过程中拱不断形成又破坏，所以使松散矿岩呈脉冲式地流出。

在散体介质中，力的传递是通过颗粒的接触点来进行的。因此，每一个单独的颗粒就等于运动线路上的一个点（它本身有足够的强度，能承受一定的微变形），各相邻颗粒属于运动偶。这些颗粒在重力作用下沿着近似直线的轨迹逐渐合拢起来向下运动，同时在运动体内形成一种平衡拱的结构，承受上面介质一定压力。在放出时，这种拱的结构又起力的传递作用。

平衡拱的形成原理和作用于拱上的各力如图 1-17 所示。由于散体介质在流动带内每一层的颗粒运动速度不同，故拱的不同部分载荷也不同，最大的载荷在拱的轴心上，最小载荷在拱的边部，这就是拱先从轴心破坏的原因。随着高度的增加，流动带横断面上颗粒

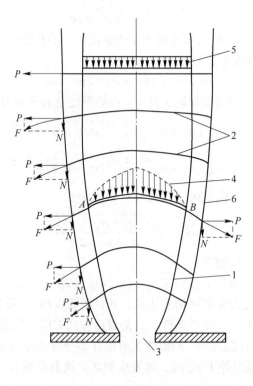

图 1-17　运动体内拱的形成原理及作用力

1—流动带；2—拱；3—放矿口；4—拱承受的载荷；5—成拱前流动带内的均布载荷；

6—最大水平动侧压力影响边界

运动速度的差别逐渐减小，因而在高度较大的水平上，沿着整个拱面上的载荷可以近似地看作均匀分布。

由于拱承受载荷，所以传给拱脚以力 F，这个力可以分解为垂直分力 N 和水平分力 P。这个水平力就是对流动带周围介质的侧压力，称为水平动侧压力。

但是，在散体介质粒级比较均匀，放矿漏斗口尺寸又与粒级相适应的情况下，放矿时在流动带所形成的平衡拱与固体岩石中所形成的平衡拱不同。前者往往是不够稳定的，形成与破坏交替进行，在拱形成的瞬间，散体介质突然停止流出，同时也给拱面一个冲击，假如拱不稳定，当即就被破坏，继续流出。假如拱较稳定，散体介质就会停止流动，只有达到一定的条件才恢复流动。

E   应用散体介质应力极值原理计算放矿漏斗直径

漏斗直径的计算方法很多，这里介绍一种以散体介质应力极限平衡理论为基础的计算方法。

放矿开始后，散体介质的部分区域立即产生结构变形，漏口上垂直压力逐渐减少到小于水平压力。垂直压力减少到零，乃是自然平衡拱最好的形成条件。下面根据平衡拱形成的极值关系决定漏斗直径。

图 1-18 表示一个楔缝形漏斗，B_h 为漏斗口宽，垂直纸面为无限长。取 $abb'a'$ 单元体，并取垂直纸面方向为 1 个单位。此时作用在拱脚的合力为 F。

F 可分解为切向应力（沿垂直面 ab 和 $a'b'$）τ 和正应力 σ_n。单元体的重量 W_s 可以近似地表示为：

$$W_s = B_h \Delta h \gamma_k \tag{1-53}$$

式中 Δh——单元体高；

其他符号意义同前。

平衡条件为：

$$W_s = 2\tau \Delta h \tag{1-54}$$

式（1-53）等于式（1-54），得：

$$B_h = \frac{2\tau}{\gamma_k} \tag{1-55}$$

由图 1-18(b)可知：

$$\tau = c(1 + \sin\varphi) \tag{1-56}$$

将式（1-56）代入式（1-55）得：

$$B_h = \frac{2c(1 + \sin\varphi)}{\gamma_k} \tag{1-57}$$

图 1-19 表示圆形或正方形漏斗的情况。d 为漏斗口直径。合力 F 作用在单元体 $abb'a'$ 圆柱形表面 $a'b'$ 上。F 力分切线应力 τ 和正应力 σ_n，于是得单元体的重量：

$$W_s = \frac{\pi d^2}{4} \Delta h \gamma_k \tag{1-58}$$

平衡条件是：

$$W_s = \tau \pi d \Delta h \tag{1-59}$$

式（1-58）和式（1-59）相等，得：

$$d = \frac{4\tau}{\gamma_k} \tag{1-60}$$

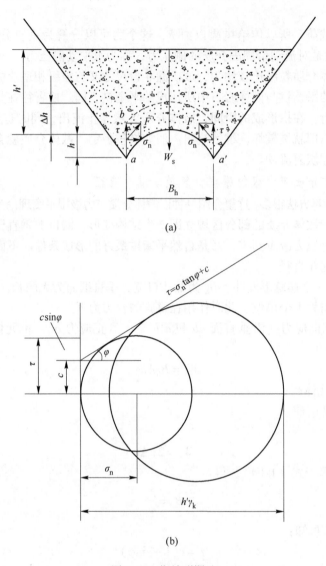

(a)

(b)

图 1-18   楔缝形漏斗

（a）漏斗剖面图；（b）应力圆图解

由上面可知：

$$\tau = c(1 + \sin\varphi) \tag{1-61}$$

将式（1-61）代入式（1-60）得：

$$d = \frac{4c(1 + \sin\varphi)}{\gamma_k} \tag{1-62}$$

所以漏斗口直径一般计算公式可用式（1-63）表示：

$$d = \frac{2c(1 + \sin\varphi)}{K_1\gamma_k} \tag{1-63}$$

式中 K_1——漏斗形状系数，对圆形及方形漏斗 K_1 取 0.5，对楔形漏斗 K_1 取 1。

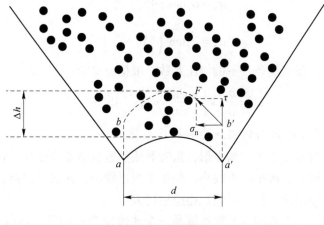

图 1-19　圆形漏斗

1.2.4　散体的侧压力及侧压系数

水平压力 P_s 就是散体介质的侧压力，侧压力与垂直压力的比值（小于 1 的系数 K_c）就是侧压系数。

1.2.4.1　应力极限状态下侧压力及侧压系数

极限状态下的侧压力及侧压系数，是用散体介质极限平衡状态下的主应力之间的关系来计算的。

将 σ_1 用 σ_z、σ_3 用 σ_x 代替，令 $\sigma_c = c\cot\varphi$，就可以得到类似应力极限平衡方程的极限公式：

$$\sigma_z - \sigma_x = (\sigma_x + \sigma_z + 2c\cot\varphi)\sin\varphi \tag{1-64}$$

解出该式中的 σ_x 值：

$$\sigma_x(1 + \sin\varphi) = \sigma_z(1 - \sin\varphi) - 2c\cos\varphi$$

$$\sigma_x = \sigma_z \frac{1 - \sin\varphi}{1 + \sin\varphi} - 2c \frac{\cos\varphi}{1 + \sin\varphi} \tag{1-65}$$

将式（1-65）中 σ_x 和 $2c$ 后面含有内摩擦角 φ 的系数改写成简单形式，则有：

$$\frac{1 - \sin\varphi}{1 + \sin\varphi} = \frac{\sin90° - \sin\varphi}{\sin90° + \sin\varphi} = \tan^2\left(45° - \frac{\varphi}{2}\right) \tag{1-66}$$

而：

$$\frac{\cos\varphi}{1 + \sin\varphi} = \sqrt{\frac{1 - \sin^2\varphi}{(1 + \sin\varphi)^2}} = \tan\left(45° - \frac{\varphi}{2}\right) \tag{1-67}$$

将式（1-67）和式（1-66）代入式（1-64），得侧压力 σ_x 和垂直压力 σ_z 的表达式：

$$\sigma_x = \sigma_z\tan^2\left(45° - \frac{\varphi}{2}\right) - 2c\tan\left(45° - \frac{\varphi}{2}\right)$$

$$\sigma_z = \sigma_x\tan^2\left(45° + \frac{\varphi}{2}\right) + 2c\tan\left(45° + \frac{\varphi}{2}\right) \tag{1-68}$$

对于黏聚力 $c = 0$ 的散体介质：

$$\sigma_x = \sigma_z \tan^2\left(45° - \frac{\varphi}{2}\right)$$

$$\sigma_z = \sigma_x \tan^2\left(45° + \frac{\varphi}{2}\right) \tag{1-69}$$

那么散体介质极限平衡条件下的侧压系数，根据定义为：

$$K_c = \frac{\sigma_x}{\sigma_z} = \frac{1 - \sin\varphi}{1 + \sin\varphi} = \tan^2\left(45° - \frac{\varphi}{2}\right) \tag{1-70}$$

1.2.4.2　超过极限状态的侧压力和侧压系数

放矿以后，松散体发生了结构变形，这时侧压系数也会发生变化。在达到应力极限状态之前，垂直压力较大，水平压力较小，侧压系数也较小；而放矿以后，垂直压力显著减小，水平压力明显地增加，侧压系数也相应地增大。

放矿过程中的侧压力和侧压系数计算是一个比较复杂的问题，目前尚缺乏深入研究，但这个问题对放矿时的压力计算又十分重要，所以下面介绍一种用经验公式计算的方法。

为了计算盛散体介质的容器，如谷仓、溜井、矿仓、采场等的底部和周壁的压力，目前仍比较广泛地应用杨辛公式计算单位面积上的垂直压力，该公式如下：

$$P_z = \frac{\gamma_k S}{K_w l K_c}\left[1 - \exp\left(-\frac{K_w l K_c}{S}z\right)\right] \tag{1-71}$$

式中　P_z——装填深度为 z 的容器底板上的单位面积上的垂直压力，N；

　　　K_w——散体和容器四壁的摩擦系数；

　　　S——容器的水平面积，m^2；

　　　l——容器水平断面周长，m。

式（1-71）是散体静压力计算公式，没有考虑随装填深度增加散体压实度也增加，也没有考虑容器四壁摩擦使底板上压力分布不均，以及散体达到应力极限状态后放出过程中垂直压力和水平压力变化等因素。因此经常采用以下经验公式计算容器周壁所受到水平压力：

$$P_s = 2K_c P_z \tag{1-72}$$

此外，还有人运用数理统计方法，得出了以下计算侧压系数的经验公式：

$$K_c = 1 - 0.74\tan\varphi - \frac{1.52c}{F} \tag{1-73}$$

式中　F——散体的压力。

1.3　测定矿岩散体物理力学性质的自动化装置

"工欲善其事，必先利其器"，常规测定矿岩散体物理力学性质的装置和方法已经无法满足现代采矿的需求。随着测试手段和测试方法的不断发展，本节将机械原理、自动化控制、散体力学知识等相融合，介绍了一些测定矿岩散体物理力学性质的自动化装置，实现测定散体物理力学性质的便利化、自动化、智能化、精细化，从而满足实验需求、提高实验精度、改善实验条件、降低实验劳动强度等。同时，本节欲起到抛砖引玉的效果，拟推动测定散体物理力学性质的自动化装置不断发展以及研制更全面更智能的实验装置。

1.3.1 一种实验室自动测定矿岩散体自然安息角的装置及方法

自然安息角是实验室模拟或数值模拟矿岩散体与现场矿岩散体力学相似的准则之一，同时自然安息角也是放矿巷道和放矿装置设计的重要散体物理力学参数之一，因此准确测定矿岩散体自然安息角，对于进一步研究散体的流动性、指导放矿装置设计以及优化采矿设计等具有重要的意义。

目前，在测定自然安息角实验中，通常是人工提升、肉眼辨识、人工测量数据等，在实验过程中劳动强度较大、实验工序繁琐，同时由于受测定条件、测定方法、人为因素的影响，同一矿岩散体的自然安息角会出现不同的测量值，这在一定程度上不利于对矿岩散体自然安息角的科学研究。

1.3.1.1 装置设计说明

为了弥补不足，解决人工测量自然安息角的劳动强度大、实验工序繁琐及测量精度差等问题，设计了一种实验室自动测定矿岩散体自然安息角的装置，如图1-20所示。装置包括散体容器、支撑架、提升组件、检测组件和控制系统；散体容器、提升组件和检测组件均与支撑架连接；散体容器用于盛放测试矿岩散体；提升组件用于对散体容器的提升，促使矿岩散体物料形成锥堆体；检测组件用于检测高度和质量数据，从而计算得出矿岩散体自然安息角，同时为控制系统提供自动控制数据；控制系统电信号连接提升组件及检测组件，控制提升组件及检测组件，同时对数据进行分析计算。

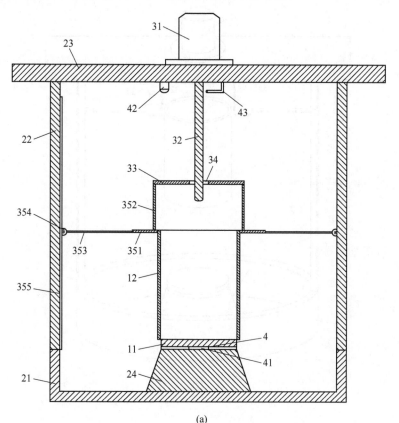

(a)

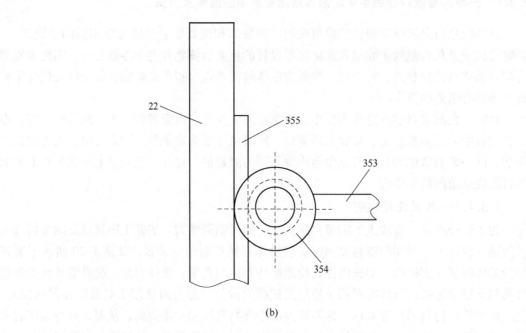

(b)

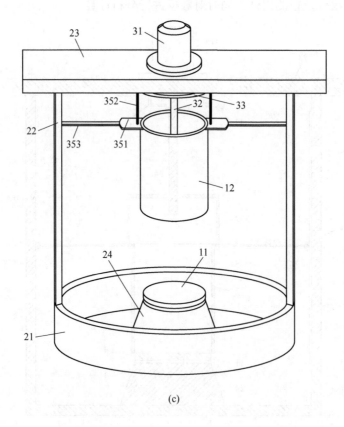

(c)

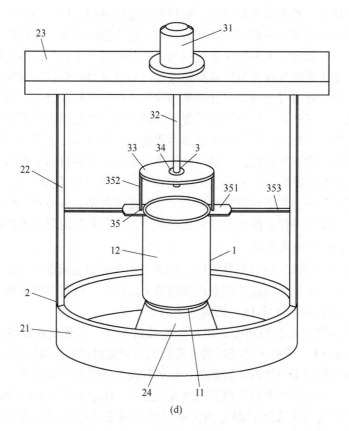

(d)

图 1-20　一种实验室自动测定矿岩散体自然安息角的装置

（a）装置剖面图；（b）滚轮和滑条部分结构示意图；（c）装置圆筒上移后的示意图；
（d）装置圆筒下移后的示意图

1—散体容器；11—圆盘；12—圆筒；2—支撑架；21—底盒；22—侧部撑杆；23—顶板；24—凸台；
3—提升组件；31—伺服电机；32—丝杆；33—连接盘；34—螺母；35—连接组件；351—耳板；
352—固定杆；353—滑杆；354—滚轮；355—滑条；4—检测组件；
41—称重传感器；42—激光测距传感器；43—接近开关

散体容器包括固连于称重传感器上方的圆盘及位于圆盘上方的圆筒；圆盘和圆筒组合形成上方开口、下方封闭的散体容器；提升组件用于圆筒的提升及下降；检测组件中的激光测距传感器用于检测圆筒的提升及下降距离。

支撑架包括底盒、侧部撑杆及顶板；侧部撑杆数量为二，且其下端分别固连于底盒上表面的对应两侧，上端固连于顶板下表面；底盒中部固连有凸台。

提升组件包括伺服电动机、丝杆、连接盘、螺母和连接组件；伺服电动机通过法兰固连于顶板上表面，且伺服电动机驱动端穿过顶板于顶板下方固连有丝杆；连接盘中部开设有孔，孔内固连有螺母，丝杆穿过螺母设置；连接组件用于将连接盘与圆筒连接并保持圆筒上下移动的稳定性。

检测组件包括固连于凸台上表面的称重传感器和固连于顶板下表面的激光测距传感器。检测组件还包括接近开关；接近开关固连于顶板下表面，用于检测丝杆的转动。

连接组件包括两个相对圆筒对称设置的耳板，耳板上表面通过固定杆与连接盘固连；

每个耳板远离圆筒的一端均固连有滑杆；滑杆与对应的侧部撑杆滑动连接。

控制系统包括可编程逻辑控制器、电源模块、输入输出模块、交换机、空气开关、变频器、控制柜以及计算机；电源模块通过空气开关与可编程逻辑控制器连接，可编程逻辑控制器通过输入输出模块与检测组件数据连接，可编程逻辑控制器通过变频器控制提升组件，可编程逻辑控制器通过交换机与计算机连接；可编程逻辑控制器、电源模块、输入输出模块、交换机、空气开关和变频器均设置于控制柜内，控制仪表设置在控制柜上。

工作时，控制系统控制提升组件对散体容器的提升和下降，使矿岩散体形成锥堆体，同时检测组件检测高度和质量数据，从而计算得出矿岩散体的自然安息角。通过控制系统自动控制提升组件和检测组件，省去了人力的操作，有效节约人力物力，降低测量难度，实现了自动测定自然安息角的同时实时监测、实时记录数据，方便对实验现象的分析与总结，同时可以实现实验条件标准化，极大地降低了人为因素对测定结果的影响。

1.3.1.2　实验步骤及方法

第一步：通过控制系统控制提升组件，使圆筒完全下降至圆盘下表面与圆筒下表面处于同一水平线上，记录激光测距传感器的测量值 L，并在计算机中输入圆盘的高度值 H_1，圆盘的半径 R_1，圆筒的高度值 H_2，圆筒的内圈半径 R_2。

第二步：通过控制系统控制提升组件，使圆筒上升，当激光测距传感器的测量值为 $L-H_1$ 时，停止提升并记录称重传感器的测量值 G_1（或通过控制仪表归零，此时 $G_1=0$ kg）。

第三步：通过控制系统控制提升组件，使圆筒完全下降至圆盘下表面与圆筒下表面处于同一水平线上，此时激光测距传感器的测量值为 L，称重传感器的测量值 G_2。

第四步：在圆筒内装满所需测定的矿岩散体并铺平，记录称重传感器的测量值 G_3，装填的矿岩散体密度 ρ 的计算公式如式（1-74）所示：

$$\rho = \frac{G_3 - G_2}{\pi R_2^2 H_2} \tag{1-74}$$

第五步：通过控制系统控制提升组件，使圆筒上升，当激光测距传感器的测量值为 $L-H_2$ 时，停止提升并记录称重传感器的测量值 G_4，锥堆体的高度 H 的计算公式如式（1-75）所示：

$$H = 3\left(\frac{G_4 - G_1}{\pi R_1^2 \rho} - H_1\right) \tag{1-75}$$

则锥堆体的自然安息角的计算公式如式（1-76）所示：

$$\alpha = \arctan\frac{H}{R_1} \tag{1-76}$$

第六步：测定结束，保存测定数据，清理实验装置，等待下一次实验或关闭装置。

1.3.2　一种自动测定散体外摩擦角的装置及测定方法

在地下矿山采矿过程中，为了使崩落矿岩散体沿着放矿口翼面自由下滑，这个翼面倾角须大于矿岩散体的外摩擦角。矿岩散体的外摩擦角是指散体沿着斜面或斜槽由静止状态转变为运动状态（开始下滑）的瞬间，这个斜面或斜槽与水平面的夹角。因此准确测定不同条件下矿岩散体的外摩擦角，对于改进矿山的结构参数、提高矿石的回收率以及研究放矿口翼面对散体流动规律的影响均具有重要的意义。

现有的一些实验设备包括一个旋转槽，旋转槽的一端与架子通过转轴转动连接，另一端可绕转轴转动，散体受旋转槽的推力上升，但是其运动不稳定，惯性导致的误差较大。同时，在现有的测定实验中，均是人工提升、肉眼辨识、人工记录等，在实验过程中劳动强度较大、实验工序繁琐，且测定的外摩擦角受人为因素的影响较大，这在一定程度上降低了实验精度，不利于对矿岩散体外摩擦角的科学研究。

1.3.2.1　装置设计说明

为了解决现有技术的上述问题，设计了一种自动提升、动态监测、数据记录与处理分析以及整个过程自动化控制的测定散体外摩擦角的装置。一种自动测定散体外摩擦角的装置如图 1-21 所示，装置包括：斜面仪、提升装置、监测装置及控制系统；斜面仪包括旋转槽，立式导轨，卧式导轨和滑块；旋转槽包括前端和后端，前端和后端分别与滑块转动连接；立式导轨竖直设置，卧式导轨水平设置，前端的滑块与立式导轨滑动连接，后端的滑块与卧式导轨转动连接；提升装置与前端的滑块连接，并驱动前端的滑块在立式导轨上竖直往复运动，监测装置用于测量旋转槽之上盛放的散体状态，提升装置和测量装置分别与控制系统数据连接。斜面仪与提升装置相互配合实现矿岩散体由静止状态转变为运动状态的过程，监测装置监测着矿岩散体是否由静止状态转变为运动状态，还可以监测提升装置的运动状态，控制系统通过连接斜面仪、提升装置以及监测装置。

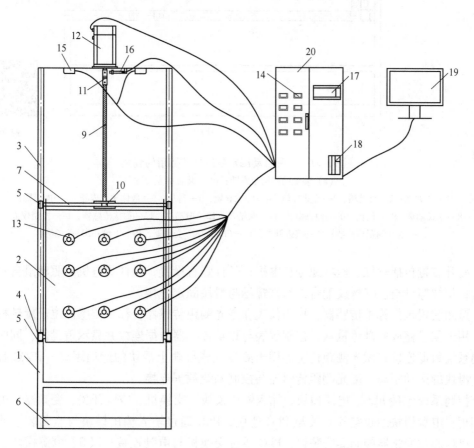

(a)

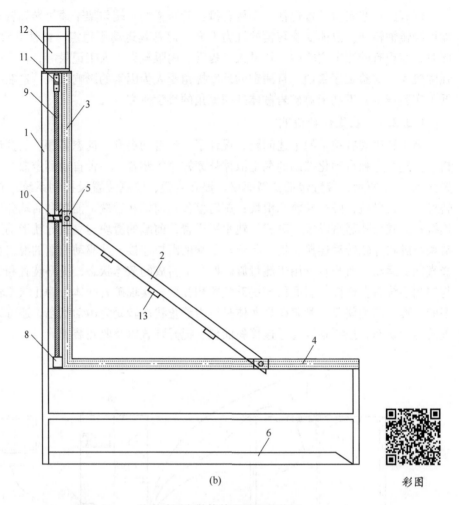

(b)

彩图

图 1-21　一种自动测定散体外摩擦角的装置

（a）装置的结构示意图；（b）装置的左视图

1—装置架；2—旋转槽；3—立式导轨；4—卧式导轨；5—滑块；6—散体接收容器；7—连接轴；
8—立式轴承；9—丝杆；10—丝杆螺母；11—联轴器；12—电动机；13—称重传感器；14—控制仪表；
15—激光测距传感器；16—接近开关；17—PLC；18—变频器；19—电脑；20—控制柜

　　提升装置包括丝杠、丝杠螺母和电机；丝杠竖直设置，丝杠受电机的驱动沿自身轴线转动；丝杠螺母与丝杠螺纹配合，丝杠螺母与滑块固定连接。

　　监测装置包括称重传感器，控制仪表和激光测距传感器；称重传感器位于旋转槽的底部，用于测量盛放的散体重量，控制仪表与称重传感器数据连接并显示重量值，同时还与控制系统数据连接；激光测距传感器用于测量立式导轨上滑块的运动距离，和/或卧式导轨上滑块的运动距离，激光测距传感器与控制系统数据连接。

　　控制系统包括 PLC、电源模块、输入输出模块、交换机、空气开关、变频器、电脑和控制柜；电源模块通过空气开关与 PLC 连接，PLC 通过输入输出模块与监测装置数据连接，PLC 通过变频器控制提升装置，PLC 通过交换机与电脑连接；PLC、电源模块、输入输出模块、交换机、空气开关和变频器设置于控制柜内。

1.3.2.2 实验步骤及方法

基于设计的装置，介绍一种自动测定散体外摩擦角的方法，主要包括实验前检测控制、实验过程监测控制以及实验结束控制三大部分，具体如下所述。

第一部分，实验前检测控制。

第一步，将散体放置于旋转槽中，平铺在旋转槽内；启动系统，输入或调取电动机的转速 n、丝杠的螺纹导程 p，重力阈值 a，激光测距传感器差值范围 c 等参数。

第二步，PLC 控制变频器使电动机转动一圈，此时接近开关检测电动机是否转动，有转动信号执行，否则故障警报。

第三步，PLC 确定称重传感器和激光测距传感器的状态，若二者有任一个处于非工作状态，则执行故障警报，若二者都处于工作状态，则使用激光测距传感器确定旋转槽的高度位置，若为高度阈值 h_0，则处于水平位置，否则控制电动机正转或反转，调整至水平。

第二部分，实验过程监测控制。

第四步，实验前检测控制完成后，可以程序自动开始也可以手动操作按钮开启电动机启动。

第五步，接近开关实时监测电动机，若电动机未转动则停止程序并执行故障报警；两个激光测距传感器实时监测滑块的位置，测得的两个数值的差值大于设定范围 c 时，停止程序并执行故障报警；旋转槽前端在提升装置的作用下竖直向上运动，旋转槽的后端水平向前运动，在竖直面内，前端的转动连接和后端的转动连接的轴线间距离为 1；监测装置实时监测旋转槽内散体的重量值变化，并且实时监测旋转槽前端滑块的提升高度 h_1，h_1 为两个激光测距传感器测量数值的均值。

旋转槽的角度小于散体的外摩擦角 α 时，监测装置测得的重量值为理论值 G'：

$$G' = G\frac{\sqrt{l^2 - h_1^2}}{l} \tag{1-77}$$

给定测得的重量值 G'' 的合理范围为 $[(1-a)G', (1+a)G']$，a 为重力阈值；

当测得的重量值 G'' 不在合理区间内时，意味着散体由静止状态转变为运动状态，记录此时的 h_1，则：

$$\sin\alpha = \frac{h_1}{l} \tag{1-78}$$

或者由于 $h_2 = pnt$，t 为电动机开始转动至重量值 G'' 的突变的时间，令 $h = (h_1 + h_2)/2$，则：

$$\sin\alpha = \frac{h}{l} \tag{1-79}$$

通过提升装置和监测装置两组数据并行测量再取均值，可以提升 h 的测量精确度值；

第三部分，实验结束控制。

第六步，电动机继续转动，旋转槽提升到最大位置，此时旋转槽内的散体已完全下滑到散体接收容器内，方便下次实验使用设备，同时散体没有污染环境，被有效的回收。

第七步，电动机关闭，PLC 通过变频器变换电动机的转向，启动电动机，将旋转槽下降到初始位置。

第八步，电动机关闭，保存相关实验数据，等待下一次实验或关闭系统装置。

1.3.3　一种实验室自动测定矿岩散体孔隙度的装置及测定方法

在地下开采过程中，采场中崩落矿岩散体的孔隙度影响放出体的大小，最终影响矿石的损失贫化率。矿岩散体的孔隙度是指松散矿岩颗粒间的孔隙体积占松散体积的百分比。准确测定矿岩散体孔隙度，对于控制放出体形态，降低矿石损失贫化，优化采场结构参数具有重要的指导意义。

目前实验室测定矿岩散体孔隙度的主要方法为注水法，用玻璃量筒向装满待测散体的量筒中注水，直至注满，注水量即为待测散体的孔隙体积，实验所需设备为量筒，设备简单，过程粗略，测定结果误差大，同时该测定方法未考虑矿岩散体的含水率，整个实验过程人工操作、记录，测定的矿岩散体孔隙度缺乏科学性和准确性，不利于开展对矿岩散体孔隙度的科学研究。

1.3.3.1　装置设计说明

为了解决现有技术问题，设计了一种规避含水率影响、自动注水、烘干、动态监测、数据记录与处理分析以及整个实验过程自动化的实验室自动测定矿岩散体孔隙度的装置及测定方法。

一种实验室自动测定矿岩散体孔隙度的装置，如图1-22所示，包括实验箱体、监测机构和控制系统；实验箱体包括壳体，在壳体内设置有底座，在底座上设置有内胆，在内胆上方设置有内胆盖，内胆盖通过电动推杆设置在壳体上，内胆盖可在电动推杆推动下进入内胆内腔、形成密闭空间，内胆盖在内胆空腔内可上下运行；在内胆盖上设置有自吸水泵，用于排空内胆中水，自吸水泵的吸水管设置于内胆盖内，吸水管口与内胆盖底面持平，吸水管口设有过滤装置（例如包裹细纱布），防止散体被吸入，自吸水泵的排水管穿过壳体外壁设置在壳体的外部；在内胆盖上设置有注水管和控制注水管的电磁阀，用来控制内胆注水量；在内胆侧壁外部设置有烘干装置，以对内胆中的散体进行加热烘干。

监测机构用于监测内胆中盛放的散体及注水状态变化；监测机构包括称重传感器、温度传感器、电位计、编码器、液位开关、控制仪表，称重传感器和温度传感器设置于底座上，用来监测内胆中所盛放的实验材料的重量和温度变化，电位计和编码器设置于电动推杆上，电位计用来反馈电动推杆电机电阻的大小，从而反映电动推杆所在的行程位置，使得电动推杆在行程中任一位置可停止，当内胆盖触及内胆中的散体时，电动推杆的电机阻力增大，即电动推杆停止运动，编码器通过记录电动推杆的电机主轴脉冲数和转动圈数，精确计算电动推杆的行程变化；液位开关设置在内胆盖的下表面上，控制内胆注水量，液位开关、注水管与电磁阀结合使用，注水管末端从壳体后壁注水管孔穿出并连接水源，当需要注水时，电磁阀启动，开始进水，当水面触及内胆盖时，液位开关控制电磁阀断电，注水停止。

控制系统包括可编程逻辑控制器、交换机、计算机；可编程逻辑控制器通过交换机与计算机相连，电动推杆、自吸水泵、电磁阀及烘干装置的输入端与可编程逻辑控制器的输出端相连，电位计、液位开关的输出端与可编程逻辑控制器的输入端相连，称重传感器、温度传感器及编码器通过控制仪表与可编程逻辑控制器相连。可编程逻辑控制器、电源模块、输入输出模块、交换机、空气开关、变频器设置在控制柜内。

该装置的测定中规避了矿岩散体天然含水率的影响，实现了整个实验过程的自动化，

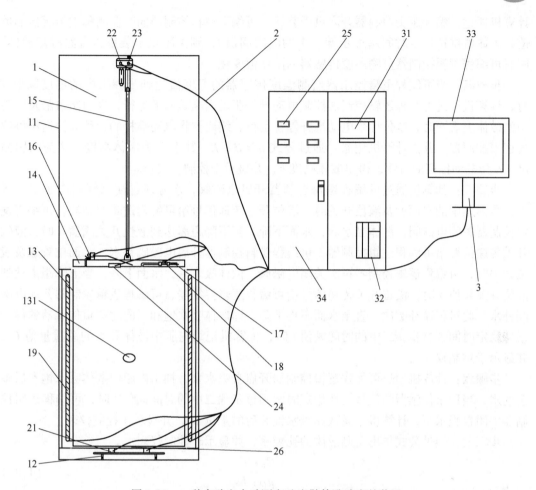

图 1-22　一种实验室自动测定矿岩散体孔隙度的装置

1—实验箱体；11—壳体；12—底座；13—内胆；131—手柄；14—内胆盖；15—电动推杆；
16—自吸水泵；17—注水管；18—电磁阀；19—烘干装置；2—监测机构；21—称重传感器；
22—电位计；23—编码器；24—液位开关；25—控制仪表；26—温度传感器；3—控制系统；
31—可编程逻辑控制器；32—交换机；33—计算机；34—控制柜

降低了人为因素对实验过程的影响，测定数据科学准确，实现矿岩散体孔隙度测定实验标准化。

1.3.3.2　实验步骤及方法

基于设计的装置，介绍一种实验室自动测定矿岩散体孔隙度的测定方法，具体包括如下步骤。

步骤一：将注水管与水源连通，接通总电源并启动，检测各部件运行状况是否正常，若有部件运行状况异常，则进行维修，若工作状态都正常，再查看控制仪表显示数值是否为零，若不是，归零处理。

步骤二：在计算机上输入预定的称重传感器信号稳定时间阈值 t、液位开关阈值 a、温度传感器的温度阈值 T、内胆底面积 s 及内胆高度 H。

步骤三：取出内胆，在内胆中加入待测散体，并将散体的上表面铺平，将内胆归位，计算机通过可编程逻辑控制器开启烘干装置，可编程逻辑控制器同时监测称重传感器的数值，若数值维持稳定时间超过步骤二中的时间阈值 t，则关闭烘干装置，自然冷却散体，同时可编程逻辑控制器监测温度传感器的温度值变化。

步骤四：当可编程逻辑控制器监测温度传感器的温度值达到步骤二中的温度阈值 T 时，计算机通过可编程逻辑控制器控制电动推杆驱动内胆盖向下运行，当内胆盖触及内胆中的散体上表面时，电位计令电动推杆停止运行，编码器将电动推杆的行程 L 输送给可编程逻辑控制器，并由计算机记录；通过公式 $h = H - L$，其中 h 为散体高度，H 为内胆高度，L 为电动推杆的行程，得出散体高度 h，并显示于控制仪表上。

步骤五：计算机通过可编程逻辑控制器开启电磁阀，水源通过注水管向内胆中注入水，当内胆中的水面触及液位开关时，液位开关传递信号给可编程逻辑控制器，可编程逻辑控制器关闭电磁阀，散体吸水后，水面下降，当下降距离达到液位开关阈值 a 时，液位开关传递信号给可编程逻辑控制器，可编程逻辑控制器开启电磁阀补水，水面位置触及液位开关时，可编程逻辑控制器再次关闭电磁阀，散体吸水后，水面下降，当下降距离达到液位开关阈值 a 时，液位开关传递信号给可编程逻辑控制器，可编程逻辑控制器开启电磁阀补水，此过程循环数次，直至水面不再下降，即散体吸水饱和，同时称重传感器的信号维持稳定时间超过步骤二中的时间阈值 t 时，计算机记录内胆中散体和水的总重量值 G_1，并显示于控制仪表。

步骤六：计算机通过可编程逻辑控制器开启自吸水泵，抽出内胆中散体吸水饱和后多余的水，当称重传感器的信号维持稳定时间超过步骤二中的时间阈值 t 时，可编程逻辑控制器关闭自吸水泵，计算机记录散体吸水饱和后的重量 G_2，并显示于控制仪表。

步骤七：通过公式得出所测散体的孔隙率，并显示于控制仪表上。

$$n = \frac{G_1 - G_2}{g \rho_{\text{水}} hs} \tag{1-80}$$

式中　n——散体孔隙率；

　　　g——重力加速度；

　　　$\rho_{\text{水}}$——水的密度。

步骤八：保存实验数据，电动推杆升起内胆盖，取出内胆，倒掉散体，清洗内胆，放回壳体内，准备下一组实验或者关闭实验系统。

1.3.4　测定矿岩散体孔隙度及其分布的装置和方法

在地下矿山采矿过程中，采场中矿岩散体的孔隙度影响着崩落体、放出体、松动体的形成，以及影响着矿石的损失贫化。因此准确测定矿岩散体孔隙度，对于进一步研究散体的流动性、降低矿石损失贫化、优化采场结构参数等具有重要的指导意义。

目前，现有技术用于测定矿岩散体孔隙度的装置包括实验箱体、监测机构和控制系统，具体测定时，在实验箱体的内胆中加入待测散体，并将散体的上表面铺平，控制系统控制电动推杆驱动内胆盖向下运行，当内胆盖触及内胆中的散体上表面时，电动推杆停止运行，电动推杆的行程由计算机记录；然后向内胆注入水，当内胆中的水面触及液位开关时，关闭电磁阀，散体吸水后，水面下降，当下降距离达到液位开关阈值时，开启电磁阀补水，循环补水吸水，直至水面不再下降，即散体吸水饱和；最后抽出内胆中散体吸水饱和后多余的水，记录散体吸水饱和后的重量，根据对应的公式对孔隙率进行计算即可。该现有技术实现了实验过程的自动化，能够降低人为因素对实验过程的影响。

　　上述现有技术只是用于测定矿岩散体的孔隙度，但是随着矿山开采深度的增加，覆盖层的厚度增加（即垂直压力在增加），需要确定不同垂直压力下矿岩散体的孔隙度及在垂直方向上孔隙度连续分布情况，而上述现有技术则不能实现矿岩散体孔隙度分布的测定。

1.3.4.1　装置设计说明

　　基于上述背景问题，设计了一种测定矿岩散体孔隙度及其分布的装置，能够实现不同垂直压力下矿岩散体孔隙度的连续分布规律的测定；同时提供了一种测定矿岩散体孔隙度及其分布的方法。测定矿岩散体孔隙度及其分布的装置如图 1-23 所示。

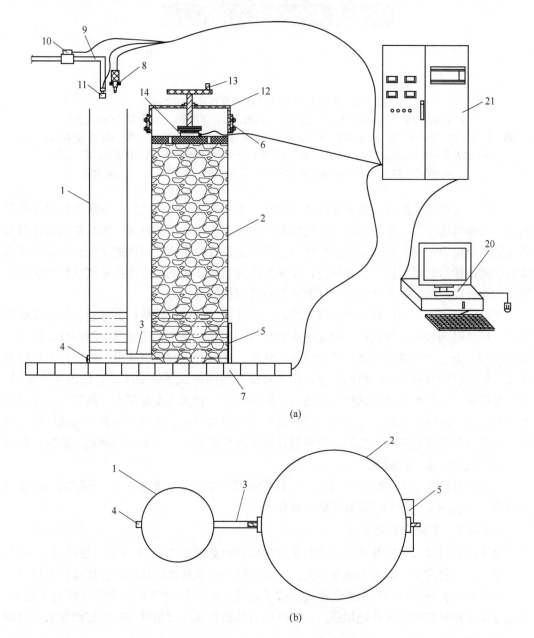

(a)

(b)

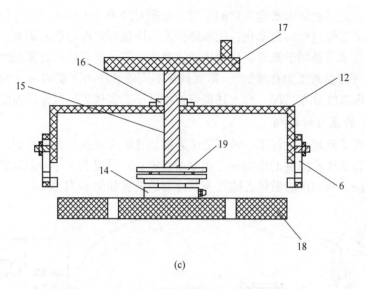

(c)

图 1-23　测定矿岩散体孔隙度及其分布的装置

(a) 测定矿岩散体孔隙度及其分布的装置的示意图；(b) 俯视图；(c) 加压机构的示意图

1—液位筒；2—试样筒；3—连通管；4—排水孔；5—排料口；6—连接板；7—称重器；8—测距仪；
9—注水管；10—电磁阀；11—起泡器；12—支撑架；13—施压单元；14—压力传感器；15—丝杆；
16—螺母；17—转动手柄；18—加压板；19—万向转盘；20—计算机；21—控制柜

　　测定矿岩散体孔隙度及其分布的装置包括：实验容器、检测机构、加压机构以及控制系统。实验容器作为主体，是检测机构检测以及加压机构施压的目标，实现矿岩散体和水的盛放以及排出；检测机构用于实现注水、测定重量及测定液位高度的功能；加压机构与实验容器连接后对矿岩散体施加压力，实现加压的目的；控制系统连接检测机构和加压机构，实现自动控制，对各部分实时检测以及对数据的处理、分析。

　　实验容器包括：液位筒，用于供水注入；试样筒，与液位筒的底部连通，用于供试样装填。检测机构包括：称重器，设置在实验容器的底部，用于测定重量；测距仪，设置在液位筒的上方，用于测定与液位筒内液面的间距；注水管，与水源连通，用于向液位筒内注水。加压机构设置在试样筒的上方，用于对试样筒内的试样施加压力并输出压力信号，包括支撑架，可拆卸连接在试样筒的顶部；施压单元，设置在支撑架上，施压单元选自电动推杆结构、液压杆结构、气压杆结构、丝杆结构中的一种；压力传感器，与施压单元固定，且与控制系统电连接。控制系统包括计算机和控制柜，计算机与控制柜电连接，控制柜与检测机构、加压机构电连接。

　　本装置可以测定不同垂直压力下，矿岩散体的孔隙度及在垂直方向上孔隙度的连续分布情况，实现测定过程和数据处理的自动化。

1.3.4.2　实验步骤及方法

　　测定矿岩散体孔隙度及其分布的测定方法原理示意图如图 1-24 所示，包括以下步骤。

　　第一步：将实验容器置于称重器上，在试样筒中装填所需测定的矿岩散体样并铺平。

　　第二步：将加压机构与试样筒通过连接板连接，然后转动转动手柄使丝杆向下运动，并通过加压板对矿岩散体样施加压力，此时压力传感器将压力信号传输到控制仪表、可编

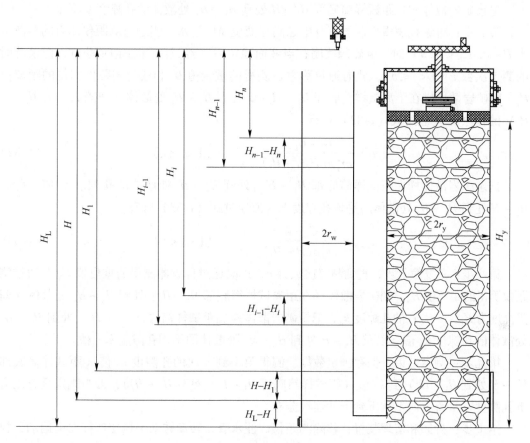

图 1-24　测定方法的原理示意图

程逻辑控制器以及计算机中，当压力值到达既定压力时，停止转动转动手柄，此时装填散体的高度为 H_y。

第三步：将测距仪、注水管安装固定在液位筒的正上方。

第四步：通过计算机和可编程逻辑控制器打开电磁阀，往液位筒中注水，当液面高度略大于连通管的高度时，关闭电磁阀；待液面稳定后，记录此时通过称重器测得的重量值 G 和通过测距仪测得的距离值 H。

第五步：在计算机中设定间隔测定高度 h 值、测定次数 n（$n \times h$ 要小于 H）、间隔稳定时间 t、液位筒的半径 r_w、试样筒的半径 r_y、水的密度 ρ 以及初始测距仪下端部至液位筒底部的距离 H_L。

第六步：可编程逻辑控制器控制电磁阀往液位筒中注水，当测距仪测得的距离值为 $H - h$ 时，电磁阀关闭；当液面稳定后（经过间隔稳定时间 t），记录此时的测定次数 1，通过称重器测得的重量值 G_1 和通过测距仪测得的距离值 H_1，则矿岩散体样在距离试样筒底部 $H_L - H$ 处到 $H_L - H_1$ 处散体（间隔高度为 $H - H_1$）的孔隙度 k_1 通过下式计算。

$$k_1 = \frac{\dfrac{G_1 - G}{\rho} - \pi r_w^2 (H - H_1)}{\pi r_y^2 (H - H_1)} = \frac{G_1 - G}{\pi r_y^2 \rho (H - H_1)} - \frac{r_w^2}{r_y^2} \tag{1-81}$$

记录矿岩散体样在距试样筒底部 $H_L - H$ 处到 $H_L - H_1$ 处散体的孔隙度 k_1 值；

第七步：可编程逻辑控制器打开电磁阀往液位筒中注水，当通过测距仪测得的距离值为 $H - ih$（$1 < i \leqslant n$）时，电磁阀关闭；当液面稳定后（经过间隔稳定时间 t），记录此时的测定次数 i（$1 < i \leqslant n$），此时通过称重器测得的重量值 G_i 和通过测距仪测得的距离值 H_i，则矿岩散体样在距离试样筒底部 $H_L - H_i - 1$ 处到 $H_L - H_i$ 处散体（间隔高度为 $H_{i-1} - H_i$）的孔隙度 k_i 通过式（1-82）计算。

$$k_i = \frac{G_i - G_{i-1}}{\pi r_y^2 \rho (H_{i-1} - H_i)} - \frac{r_w^2}{r_y^2}, \quad (1 < i < n) \tag{1-82}$$

记录矿岩散体样在距试样筒底部 $H_L - H_{i-1}$ 处到 $H_L - H_i$ 处散体的孔隙度 k_i 值。此时 $H_L - H$ 处到 $H_L - H_i$ 处散体的平均孔隙度 k_{1-n} 值通过式（1-83）计算。

$$k_{1-n} = \frac{G_i - G}{\pi r_y^2 \rho (H - H_i)} - \frac{r_w^2}{r_y^2}, \quad (1 < i < n) \tag{1-83}$$

第八步：重复第七步，直到测定次数为 n，此时通过称重器测得的重量值 G_n 和通过测距仪测得的距离值 H_n，则矿岩散体样在距离试样筒底部 $H_L - H_{n-1}$ 处到 $H_L - H_n$ 处散体（间隔高度为 $H_{n-1} - H_n$）的孔隙度 k_n，记录矿岩散体样在距试样筒底部 $H_L - H_{n-1}$ 处到 $H_L - H_n$ 处散体的孔隙度 k_n 值，以及 $H_L - H$ 处到 $H_L - H_n$ 处散体的平均孔隙度 k_{1-n} 值。

第九步：测定结束，保存测定数据。测得第 1 到 n 次的孔隙度 k_1 值（距试样筒底部 $H_L - H$ 处到 $H_L - H_1$）到 k_n 值（距试样筒底部 $H_L - H_{n-1}$ 处到 $H_L - H_n$），即为既定垂直压力下孔隙度在垂直方向上从下到上的连续分布。

第十步：拆卸和清理装置：移除测距仪、注水管，转动转动手柄使丝杆向上运动，拧松紧固螺栓，移出加压机构；打开排水孔，待水排完后打开排料口，排出矿岩散体样；最后清理装置、关闭排水孔和排料口、准备下一组测定。

1.3.5　一种实验室测定矿岩散体垂直应力分布的装置

地下金属矿山采用崩落法采矿过程中，崩落的矿岩散体直接作用在底部结构上，导致底部结构承受垂直应力。随着开采深度的增加，作用在底部结构上的垂直应力不断增加，然而由于受到边壁和开采范围的影响，垂直应力的分布并不均匀。因此准确测定不同条件下矿岩散体的垂直应力分布情况，对于设计底部结构以及确定底部结构的支护形式均具有重要的意义。目前，确定底部结构所受的垂直应力，基本以理论计算为主，且认为不同位置处的底部结构所受的垂直应力相同，然而实际矿体为非规则形态且矿体的倾角会发生变化，这会导致开采范围出现各种情况，开采范围的边壁会对散体产生影响且会影响底部结构所受的垂直应力，此时若将底部结构所受的垂直应力视为均匀分布，这在一定程度上不利于对散体垂直应力分布的科学研究以及对底部结构的设计等。

1.3.5.1　装置设计说明

为克服上述现有技术的不足，设计了一种实验室测定矿岩散体垂直应力分布的装置，实现了对不同矿体倾角下的矿岩散体垂直应力分布的测定。一种实验室测定矿岩散体垂直应力分布的装置，如图 1-25 所示，装置包括装置架、箱体结构以及测试系统。装置架是整个装置的主体框架，装置架实现各部分连接和固定的作用。箱体结构是盛放矿岩散体的容器，可模拟在地下金属矿山采用崩落法采矿的矿体条件。测试系统与组合后的箱体结构、装置架配合，实现矿岩散体压力值的测定，并通过测试系统将压力值转化为应力值，获得垂直应力的分布值。

装置架包括型材、T 形连接板、直角连接件、连接丝杆以及可调节连接板。型材上设置有型材凹槽，型材下部设置有连接孔，可调节连接板上设置有可调节槽。

箱体结构均由板状结构组成，箱体结构由 2 个正面板、2 个端部板以及 1 个底部板组成。正面板上设置有角度调节槽，端部板上设置有连接圆管。上述结构与装置架组合，形成一个上部开口的箱体结构，便于矿岩散体的装填以及实验结束后的清理工作。

测试系统由压力传感器、受力板、控制柜、PLC、电源模块、输入输出模块、空气开关、控制仪表和计算机组成。电源模块通过空气开关与 PLC 连接，压力传感器与控制仪表连接，PLC 通过输入输出模块分别与控制仪表和计算机连接。PLC、电源模块、输入输出模块、空气开关和控制仪表设置于控制柜上。

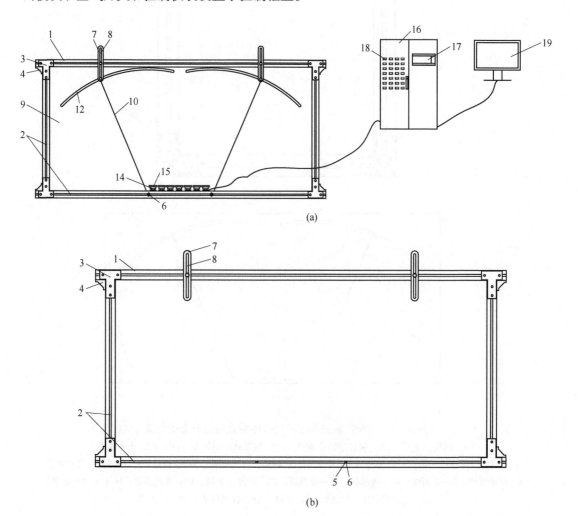

(a)

(b)

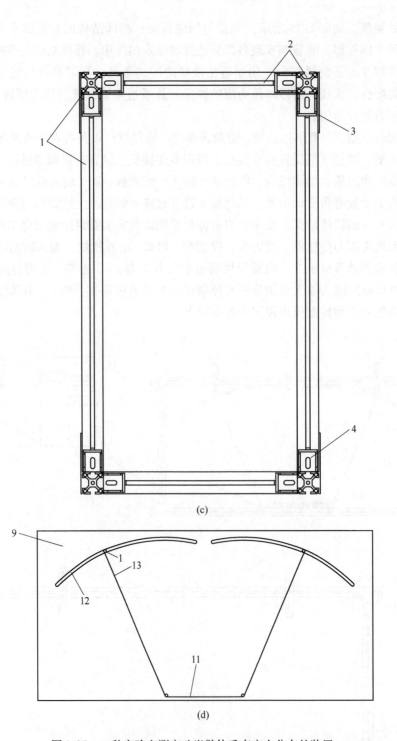

(c)

(d)

图 1-25　一种实验室测定矿岩散体垂直应力分布的装置

（a）结构示意图；（b）装置架的正视图；（c）装置架的侧视图；（d）正面板示意图

1—型材；2—型材凹槽；3—T 形连接板；4—直角连接件；5—连接孔；6—连接丝杆；7—可调节连接板；

8—可调节槽；9—正面板；10—端部板；11—底部板；12—角度调节槽；13—连接圆管；14—压力传感器；

15—受力板；16—控制柜；17—PLC；18—控制仪表；19—计算机

　　本装置连接关系如下：（1）箱体结构的底部板位于装置架下部的型材凹槽内，底部板的上部与压力传感器连接，压力传感器的上部与受力板连接；（2）箱体结构的正面板位于装置架上的型材凹槽内，并通过型材、T形连接板、直角连接件与装置架固定在一起；（3）箱体结构的端部板通过端部板上的连接圆管、正面板上的角度调节槽、下部型材上的连接孔、连接丝杆、可调节连接板以及可调节连接板上的可调节槽与装置架连接。通过上述连接将装置架与箱体结构形成一个整体，并通过压力传感器将实测数据传输到测试系统中。

1.3.5.2　实验步骤及方法

　　基于设计的装置，介绍一种实验室测定矿岩散体垂直应力分布的装置，包括如下步骤。

　　第一步：依据矿体的倾角值调节装置两侧的端部板，使箱体结构与矿体一致。

　　第二步：通过控制仪表或计算机将所有压力传感器归零，并在计算机内输入受力板的面积 A 值。

　　第三步：往装置内充填矿岩散体，并到达实验设计高度。

　　第四步：通过控制仪表或计算机可显示每个压力传感器的压力值为 P_i，则可计算出每个压力传感器测得的垂直应力为：

$$S_i = \frac{P_i}{A} \tag{1-84}$$

　　此时结合每个压力传感器的空间位置（见图1-26），可以获得矿岩散体垂直应力的分布规律。

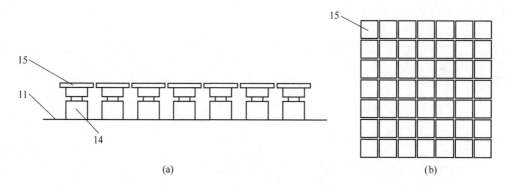

（a）　　　　　　　　　　　　　　　　　（b）

图1-26　压力传感器和受力板布置图

（a）正视图；（b）俯视图

11—底部板；14—压力传感器；15—受力板

　　第五步：实验结束，清理装置并将装置恢复到初始状态。

 课程思政

放矿领域专家学者介绍

　　刘兴国，男，东北大学教授。基于放出体的过渡关系提出等偏心率椭球体放矿理论，建立了相应数学方程，应用坐标变换方程解决多漏斗放矿问题。在多孔放矿研究、数值计算及放矿边界条件研究等方面取得了价值较高的成果。同时提出不贫化放矿理论，在矿石回采率不降低情况下可使贫化率大幅度下降。

习题与思考题

1-1 采矿工程中崩落的矿岩散体属于何种物质且有什么特性？

1-2 论述散体的松散性、孔隙度和压实度三者关系，以及对放矿有什么影响。

1-3 简述一次松散、湿度、块度大小和形状、容重、松散性、孔隙度、压实度对内摩擦角和黏聚力有何影响。

1-4 论述湿度和黏土含量对放矿有何影响。

1-5 简述测定松散矿岩块度有哪些方法，各有什么优缺点。

1-6 试述自然安息角、外摩擦角和内摩擦角的概念、测定方法，以及各自对放矿的影响和三者间的关系。

1-7 为什么要用不同的方法测定自然安息角，水对自然安息角的影响，采矿中哪些工程设计需要参考自然安息角值？

1-8 简述散体介质应力极限平衡理论的含义及表示方程。

1-9 简述散体介质侧压系数的概念及与放矿的关系。

1-10 论述井下泥石流事故的发生是由哪类物质的何种性质导致的。

1-11 试设计一种自动测定矿岩散体物理力学性质的实验装置。

2 底部单一漏斗放矿时矿岩运动规律

覆盖岩层下放矿是崩落采矿法的主要特征之一，大部分矿石是在废石覆盖下放出的。覆盖岩层为崩落法回采工作创造条件并可以防止围岩大量崩落导致安全事故。实践证明，在这种条件下进行放矿，如果没有放矿理论做指导，要取得良好的放矿效果是不可能的。放矿理论是采场结构参数确定、放矿方案选择、放矿管理制度制定的主要依据。

底部漏斗放矿结构为固定放矿模式，放矿口不发生移动。矿岩在重力作用下不断从漏斗中放出，从而引起采场一定范围内矿岩散体向放矿口移动，其矿岩颗粒位置不断发生变化。采场内矿岩散体颗粒的移动轨迹、形态和力场就是矿岩运动规律。

椭球体放矿理论是基于底部漏斗放矿实验所揭示的规律建立的。通过研究底部漏斗放矿过程中放出体和松动体的形成和相互关系，建立矿岩散体颗粒运动的规律方程，并对放出体和松动体进行定量化描述的理论称为放矿理论。底部放矿是放矿理论研究的基础，也是放矿结构设计和损失贫化管理的重要理论依据。底部漏斗放矿过程中，覆盖岩层和矿石接触面小，废石混入的概率小，矿石贫化率相对较低，但对放矿要求高，必须严格执行放矿管理制度才能达到良好的回收效果。否则，回采效果比移动放矿还要差。所以加强有底部结构放矿规律的研究，对保证放矿效果具有重要意义。

2.1 放矿理论的基本概念

2.1.1 矿岩运动规律

有底部结构的放矿一般是许多漏斗分次顺序放矿或同时放矿，为了更好地了解矿石在覆岩下放矿的规律，首先研究单一漏斗条件下矿岩散体的放出情况。图 2-1 所示为单漏斗实体放矿模型，其底部开有放矿漏斗口 I，在漏斗口下部安有启闭闸门。放矿前首先向模型内装填颗粒均匀的松散矿石，每隔一定高度铺放一层水平彩色标志带 II。当装填到 $A—A'$ 水平后，停止装矿，改装松散废石，和之前一样每隔一定高度铺放标志带。待模型装好以后，打开漏斗闸门进行放矿。放矿时发现不是所有的矿石和废石都投入运动，仅仅是位于漏口上部的一部分矿石和废石进入运动状态，这一现象可以透过装在模型正面的玻璃壁（或透明材料）观察彩色带的移动状况清楚地看出。随着放矿的进行，这些彩色带对称漏斗轴线 Ox 不断向下弯曲（下降），当其中位于 $A—A'$ 水平和轴线交点上的颗粒 P 到达漏口，此时即表示纯矿石已经放完。大量观察表明，此前放出的矿石，它原来在模型内散体中所占的空间位置为一个近似的旋转椭球体，称为放出椭球体 1；AOA' 曲线所包络的漏斗状形体称为放出漏斗 2；$A—A'$ 水平层以上各水平所形成的下凹漏斗称为移动漏斗 3；将各彩色水平带移动边界联结起来所形成的又一旋转椭球体，称为松动椭球体 4。

以上这些形体称为散体运动形体，下面分述各运动形体的性质及它们之间的相互关系。

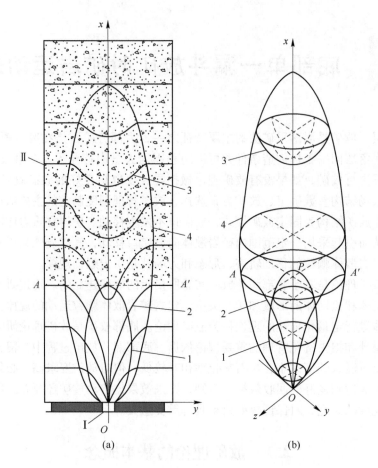

图 2-1　放出椭球体、放出漏斗、移动漏斗和松动椭球体
(a) 纵剖面图；(b) 三维空间图
Ⅰ—放矿口；Ⅱ—彩色标志带；A—A′—松散矿石与松散废石接触面；
1—放出椭球体；2—放出漏斗；3—移动漏斗；4—松动椭球体

2.1.2　放出体

2.1.2.1　放出椭球体的概念

放出椭球体又称放出体，它是指从采场通过漏斗放出的一定大小的松散矿石体积 Q，该体积的矿石不是从采场内任意形体中流出的，而是从具有近似椭球体形状的形体中流出来的。也就是说，放出的矿石在采场内所占的原来空间为旋转椭球体，其下部为放矿漏斗平面所截，且对称于放矿漏斗轴线（见图 2-1）。该点可以用下述放矿实体模型实验来证实：首先向模型内装填松散矿石，装填时按一定的空间位置放置带号的标志颗粒，并作详细记录。装填完毕进行放矿，每放出一定的矿石 Q_1，Q_2，…，Q_5，记下相应放出的标志颗粒，然后根据所放出的标志颗粒，圈绘出放出体 Q_1，Q_2，…，Q_5 原来所在的空间位置，即可得到图 2-2 中虚线所示的轮廓，其形状为下部被放矿口平面所截的椭球体Ⅰ，Ⅱ，…，Ⅴ。这就是放出椭球体。

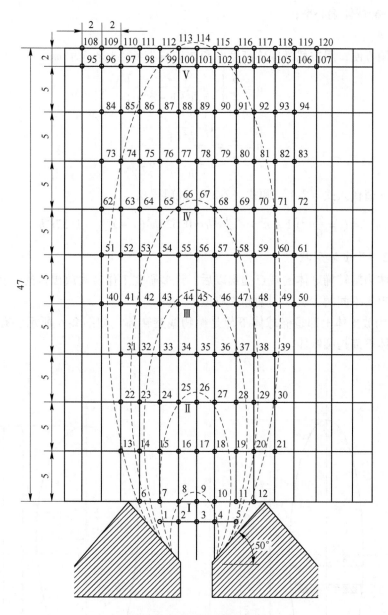

图 2-2　放出椭球体实验

1, 2, 3, 4, 5, ⋯—标志颗粒的编号；网格交点—标志颗粒的坐标置；Ⅰ~Ⅴ—放出椭球体

由图 2-3 其体积可用下式求得：

$$Q = \frac{2\pi}{3}ab^2 + V_x = \frac{2\pi}{3}a^3(1 - \varepsilon^2) + V_x \tag{2-1}$$

$$V_x = \pi\int_0^{na} y^2 \mathrm{d}x = \pi\int_0^{na}(a^2 - x^2)\frac{b^2}{a^2}\mathrm{d}x = \frac{1}{3}\pi a^3(1 - \varepsilon^2)(3n - n^3) \tag{2-2}$$

式中　Q——截头椭球体体积，m^3；

　　　a——椭球体长半轴，m；

　　　b——椭球体短半轴，m；

ε——椭球体偏心率；

$n = x/a$。

为了应用方便，用被截椭球体高度 h 和放矿漏斗半径 r 来表示 a：

$$a = \frac{h}{2}\left[1 + \frac{r^2}{h^2(1-\varepsilon^2)}\right]$$

$$n = \frac{x}{a} = \frac{1 - \dfrac{r^2}{h^2(1-\varepsilon^2)}}{1 + \dfrac{r^2}{h^2(1-\varepsilon^2)}} \tag{2-3}$$

将 a 和 n 值代入式（2-1）和式（2-2），最后得出：

$$Q = \frac{\pi}{6}h^3(1-\varepsilon^2) + \frac{\pi}{2}r^2h \approx 0.523h^3(1-\varepsilon^2) + 1.57r^2h \tag{2-4}$$

2.1.2.2　放出体形状

从放出体为旋转椭球体的观点提出以后，许多研究工作者对放出体的形状进一步做了研究，并得出了不同的看法，归纳起来有以下几种。

（1）认为放出体上部是椭球体下部是抛物线旋转体，如图2-4所示。有人还提出了上部是椭球体下部是圆锥体。

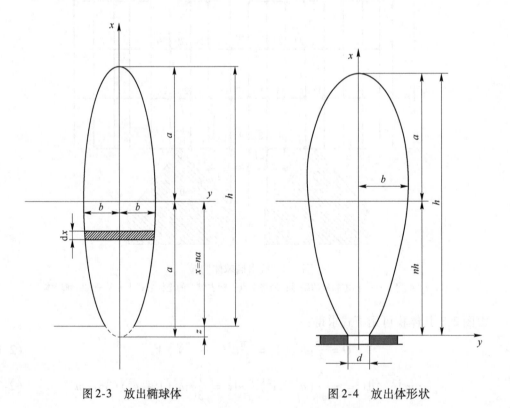

图 2-3　放出椭球体   图 2-4　放出体形状

（2）认为放出体的形状在放出过程中是变化的，在高度不大时近似椭球体，随着高度的增加，下部变为抛物线旋转体，上部仍然是椭球体。若继续增高，其上部变化不大，中部接近圆柱体，下部是抛物线旋转体，放出椭球体如图2-5所示。

其体积应由三部分组成。上部椭球体：$Q_s = \frac{2}{3}\pi ab^2$；中间部分圆柱体：$Q_z = \pi b^2(h - a - nh)$；

下部抛物线旋转体：$Q_x = \pi\int_0^{nh} 2p\left(x + \frac{r^2}{2p}\right)\mathrm{d}x = p\pi\left[\left(x + \frac{r^2}{2p}\right)^2\right]_0^{nh} = \pi(pn^2h^2 + nhr^2)$。

因此：

$$Q = Q_s + Q_z + Q_x$$
$$= \pi\left[\frac{2}{3}ab^2 + b^2(h - a - nh) + (pn^2h^2 + nhr^2)\right]$$

$$(2-5)$$

式中　　r——放矿漏斗半径，m；

　　　　p——焦参数。

其他符号见图中标注。

（3）认为放出体不是数学上的椭球体，近放矿口区域要伸长些。同时认为当放出体高度超过20 m时，按式（2-4）计算比较复杂，可去掉式中第二项，其计算误差未超出采矿工程计算中的允许精度，即：

$$Q = 0.523h^3(1 - \varepsilon^2) \tag{2-6}$$

（4）认为放出体虽然不是数学上的椭球体，但在计算上可以按椭球体公式，且认为它被漏口截去部分与它整个高度相比较小，为 $1.4\% \sim 2.0\%$，因此可以近似地取 $2a = h$ 进行计算，即：

$$Q = \frac{4\pi}{3}ab^2 \approx \frac{2\pi}{3}hb^2 \tag{2-7}$$

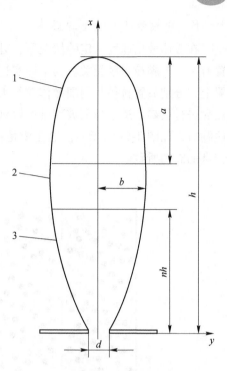

图2-5　放出椭球体
1—椭球体上半部分 Q_s；
2—椭球体中间部分 Q_z；
3—椭球体下半部分 Q_x

2.1.2.3　覆盖层厚度和颗粒密度对放出的影响

A　常量放出体

常量放出体是指在散体性质和放矿口直径不变的情况下，单位时间内所放出的散体体积。它在散体中原来的空间形状为椭球体，且与覆盖层厚基本上无关。也就是说，散体放出体积 Q 只与放出的延续时间 t 成正比，即：

$$Q = qt \tag{2-8}$$

式中　　q——常量放出椭球体的体积，m³。

散体放出的这一性质与液体的放出性质是有区别的。当液体从容器中放出时，单位时间内放出的体积是随液面的增高而增加的。了解散体这一放出特性对今后研究散体放出时的移动过程是有帮助的。

B 颗粒密度对放出的影响

在散体放出速度一定的情况下，处于运动场内颗粒的运动速度，只与它原来所处的位置有关，与颗粒密度无关。为了证实这一点，在放矿模型中，于流动轴两侧完全对称的位置上，分别放置粒径与周围散体粒径大致相同的铁质和橡胶质的颗粒，如图 2-6(a)所示，然后进行放矿。透过模型玻璃壁可以观察到，这两种密度悬殊的颗粒在大致相同的时间到达漏口，如图 2-6(b)所示。这主要是由于单个颗粒运动速度受整个散体运动场速度分布特点的制约所致。

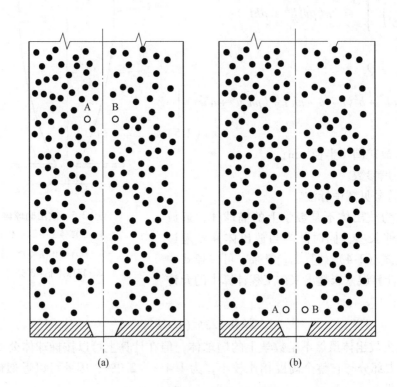

图 2-6 密度不同颗粒放出情况

(a) 放出前情况；(b) 放出后情况

A—铁质颗粒；B—橡胶质颗粒

2.1.2.4 影响放出椭球体偏心率的主要因素

椭球体偏心率反映椭球体的发育程度，越接近圆形的椭球体偏心率越小；椭球体越瘦长，则偏心率越大，椭球体发育越差。椭球体发育越好，放矿时的回收率高，贫化率低。因此，有必要了解放出椭球体偏心率的影响因素，以便尽量减小放出椭球体的偏心率。

A 偏心率对放出体几何形状的影响

椭圆方程和它的几何参数之间的关系如下：

$$\frac{x^2}{a^2} + \frac{y^2}{b^2} = 1, \quad \frac{b^2}{a^2} = 1 - \varepsilon^2, \quad \frac{b}{a} = \sqrt{1 - \varepsilon^2}, \quad b = a\sqrt{1 - \varepsilon^2} \tag{2-9}$$

由图 2-7 可知：

（1）若偏心率 ε 趋于 0，则 b 趋于 a，椭圆接近于圆，放出体接近于圆球，这时放出体的体积最大，从漏斗中所放出的矿石量最大。

（2）若偏心率 ε 趋于 1，则 b 趋于 0，椭球体接近于圆筒，放出体呈管状。由此可见，偏心率越小放出体越大，放出纯矿量越多；反之，放出体越小，放出纯矿量越少。所以放出椭球体的大小及形状可以通过它的偏心率的值来表征。也就是说，偏心率可以作为放出椭球体的一个主要特征参数。

实践证明，放出椭球体偏心率值受到放出层高 h、漏斗口直径 d、矿石粒级和粉矿含量、矿石湿度、松散程度以及颗粒形状等因素的影响，因此它的大小要通过具体测试才能确定。下面讨论影响偏心率的因素。

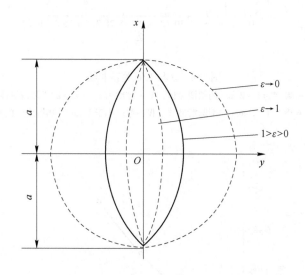

图 2-7　ε 变化与放出体形状的关系

B　影响放出椭球体偏心率的因素

（1）偏心率 ε 与椭球体高度 h、放矿口直径 d、颗粒组成和粉矿含量之间的关系密切。根据实验可以得到图 2-8 所示的偏心率 ε 与椭球体高度 h、放矿口直径 d、颗粒组成关系。

由图 2-8 可知：

1）随 h/d 增加，ε 增大，在 h/d 较小时 ε 增长最快，当 h/d 的值达到 20～30 时，ε 趋于稳定。这里应当指出，它稳定的迟早依散体性质和放出条件而异。

2）偏心率一般变化为 0.70～0.99，小值表示散体流动性好。

3）对比曲线 Ⅰ 和 Ⅲ，圆颗粒散体的 ε 值比不圆的颗粒组成的散体 ε 大；再对比曲线 Ⅱ 和 Ⅲ，细粒散体的 ε 值又大于粗粒散体的 ε 值。这是因为圆滑颗粒组成的散体和细粒散体之间的总接触表面积大，使散体联结强度相应增加，所以其流动性能相应减少。

4）粒度为 0～1 mm 并掺有尘土的散体 ε 值最大，这是由于尘土具有黏结性，散体的流动性能大大降低的缘故。

图 2-9 所示是一个现场实验曲线。该曲线表明，随着崩落矿石中含小于 0.05 mm 细粉矿增加，ε 值增大，当这种粉矿含量达到 14% 时，ε 大于 0.981。

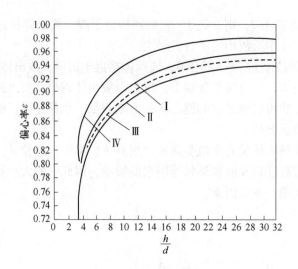

图 2-8　ε 与 h/d 关系曲线

Ⅰ—粒度为 1~2 mm 的圆滑散体；Ⅱ—粒度为 2~4 mm 的不圆滑散体；
Ⅲ—粒度为 1~2 mm 的不圆滑散体；Ⅳ—粒度小于 1 mm 并掺有尘土的散体

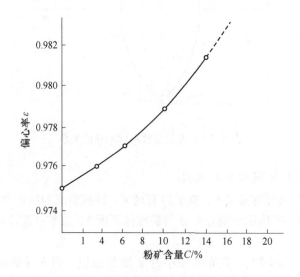

图 2-9　偏心率 ε 与粉矿含量关系

（2）偏心率与散体湿度的关系。实验证明，湿度对 ε 的影响很大，特别是尘土含量较大的矿石，随着湿度的增加，结块性也增加，放矿时在漏斗口上形成空洞或者"烟筒"状，直通废石，造成超前贫化。当其湿度增到 25% 时，可能达到饱和状态，形成井下泥流，造成安全事故。

（3）偏心率与散体松散状态的关系。散体的松散状态（可用松散系数、压实度或容重等指标表示）对 ε 影响是大的。由图 2-10 可知，随着松散系数减少，ε 增加。这就说明了为什么采用挤压崩矿的采场，开始一段时间内放矿发生困难的原因。

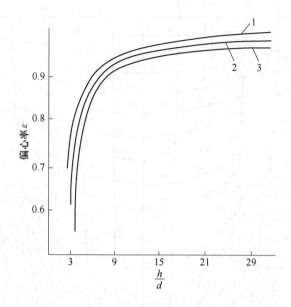

图 2-10　松散系数对偏心率 ε 的影响

1—松散系数 1.63，散体容重 1.90 g/cm³；2—松散系数 1.72，散体容重 1.82 g/cm³；

3—松散系数 1.81，散体容重 1.70 g/cm³

2.1.2.5　放出椭球体的性质及放出时的过渡关系

A　放出椭球体的性质

大量实验研究表明，放出椭球体具有以下几个特性。

（1）位于放出椭球体表面上的颗粒同时从漏口放出。这一结论可以从如下实验得到，实验过程如图 2-11 所示。

实验时，在模型一定高度的水平层放置一些标志颗粒 0，Ⅰ，Ⅱ，…，在放出散体时，详细记录各标志颗粒的移动轨迹和下降速度，并将结果描成图 2-11 所示的图形，然后将同时到达漏口的颗粒点连结起来。如颗粒 0 经过 17 次记录到达漏口，沿颗粒Ⅱ的轨迹由漏口起向上数到 17 次记录位置，便可得到与颗粒 0 同时到漏口的一个点位。如此类推，可以找出其余各颗粒与颗粒 0 同时到达漏口的点位。最后将所有同时到达漏口的点位连结起来，便可绘出一个椭球体轮廓，图 2-12 所示就是放出椭球体。所以放出椭球体可以理解为由位于其表面上同时到达漏口的颗粒所组成的形体。

应当指出："放出椭球体表面颗粒同时从漏口放出"这一性质是极其重要的，可以说这是整个椭球体放矿理论的核心。

（2）放出椭球体下降过程中其表面上的颗粒相关位置不变。这是椭球体放矿理论又一重要原理。这个原理是从"放出椭球体表面颗粒同时从漏口放出"这一性质派生出来的。它的具体含义是：随着放出椭球体内的散体从漏口放出，放出椭球体从一个高度下降另一高度，与此同时放出椭球体表面相应地收缩变小过渡为另一表面积较小的新椭球体。在椭球体收缩过渡时，前后椭球体表面上相对应的颗粒点的相对距离必须同时按比例地缩小，它们的相对距离要保持原来的比例关系。具体地说，如图 2-13 所示，由高度为 h 的

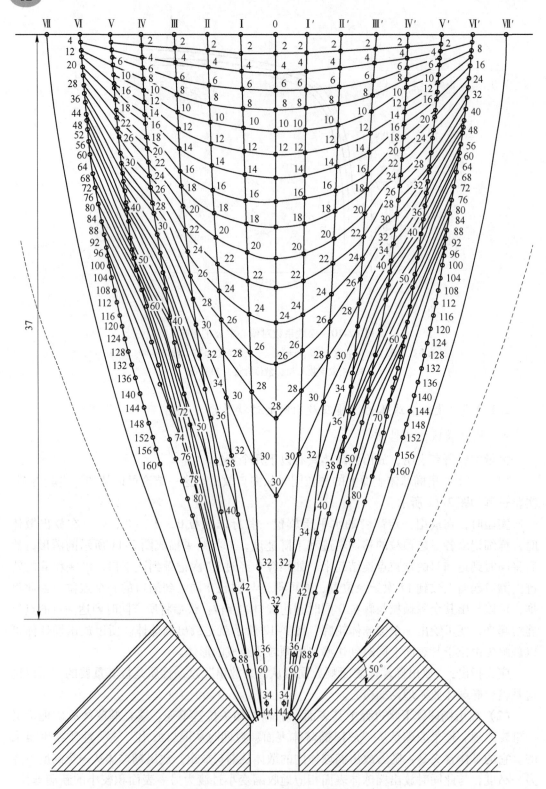

图 2-11 颗粒移动轨迹与下降速度

Ⅰ，Ⅱ，……—标本颗粒；2，4，……—颗粒移动时间/s

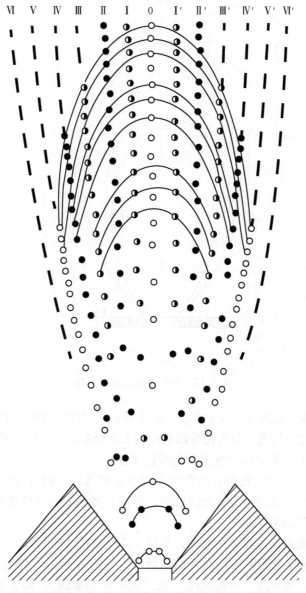

图 2-12 同时到达漏口颗粒点连线轮廓

Ⅰ，Ⅱ，……—标本颗粒

放出椭球体 1 下降至高度为 h_1 的椭球体 3 后，处于椭球体 1 上的某颗粒点 A 也随着由高度 x 过渡到椭球体 3 上的 A_1 位置，此时它的高度为 x_1。所谓相关位置不变原理，就是保持以下关系：

$$n = \frac{x}{h}, \quad n = \frac{x_1}{h_1}$$

$$\frac{x}{h} = \frac{x_1}{h_1} = \cdots = n \tag{2-10}$$

式中 n——放出椭球体过渡相关指数。

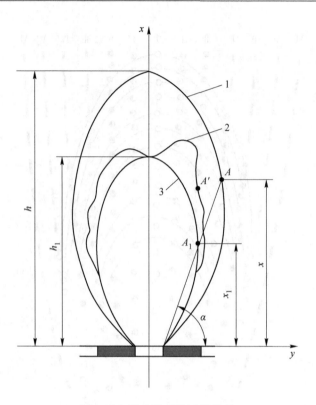

图 2-13　放出椭球体过渡关系

假如不保持 $x/h = x_1/h_1 = \cdots = n$ 关系，那么颗粒 A 可能过渡到 1 和 3 之间的某放出体 2 上的 A' 位置。在这种情况下要实现放出椭球体 1 上所有表面颗粒同时放出显然是不可能的。所以相关指数不变是 "同时放出" 的保证条件。

（3）放出椭球体放出过程中表面颗粒不相互转移原理。随着散体的放出，放出椭球体表面不断收缩变小，最后从漏口同时放出，所以其表面上的颗粒必然不可能相互转移。否则就破坏了相关位置不变原则。

应当指出，上面所阐述的几个原理，有以下几点要进一步明确。

（1）"放出椭球体表面颗粒同时从漏口放出" 这一原理的 "同时放出" 没有明确的时间含义。如果将它理解为 "一起放出" 或 "同一时刻放出"。那么就会发生以下问题：当放矿漏口尺寸一定时，随放出高度增加而增加的椭球表面的颗粒总体积超过了漏口能 "一起放出" 的允许限度，要实现 "一起放出" 显然是不可能的。

（2）"放出椭球体表面收缩变小" 只能是组成其表面的颗粒必须具有收缩性才能实现，而实际上矿石颗粒都是较坚硬的固体，通常情况下是不能压缩的，更不可能压缩到从漏口一起放出。

（3）如图 2-13 所示，放出体 3 是由放出体 1 缩小而来的，其表面积比 1 小，这样放出体的表面怎么能容下放出体 1 落下来的全部颗粒呢？

要解释清上面提出的问题，只有通过研究放出体的过渡方式才能解决。

B　放出椭球体移动时的过渡方式

由于散体颗粒是刚体，放出体要在下降过程中缩小其表面积，只有挤出一些颗粒。而那些被挤出的颗粒将重新排列组成新的放出椭球体，如图 2-14 所示。

以此可以得出以下结论。

（1）放出椭球体在移动过程中不断挤出颗粒，形成新的放出椭球体。

（2）随着矿石的放出，被挤出的颗粒不断增加，好比放出椭球体表层不断增厚。

（3）颗粒被挤出后形成的椭球体彼此不相似，放出椭球体的偏心率随放出高度的变化而变化，所以新形成的高度不同的椭球体的偏心率不应相等，彼此不应相似。

（4）由于高度不同的放出椭球体的偏心率不相等，所以放出椭球体的表层厚度是不均匀的，其上部最厚，下部最薄，如图 2-15 所示。所以一般讲，放出体厚度应是指其平均厚度而言。

（5）散体放出过程中受各种因素的影响，如颗粒大小形状不一、散体各部位密度不均、内摩擦力作用方向和大小变化等，这样单个颗粒的移动往往有随机性，难以完全遵守式（2-10）和图 2-15 所要求的原则。如将单个颗粒与其周围颗粒结合作为单元体来考察，如图 2-15 所示的 abcd "颗粒集合单元体"。在移动过程中，由 abcd 变化到 $a'b'c'd'$，其面积 S（实际应为体积，此处作平面问题处理）不变（即 $S_1 = S_2$），只改变其形状，即 ad 和 cb 边增大，ab 和 cd 边缩短，从此处可以清楚地看出放出椭球体移动过程收缩变厚的过程。

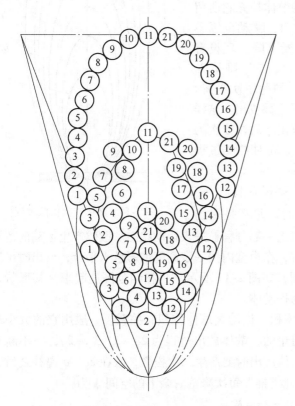

图 2-14　放出体收缩过程中颗粒重新排列图

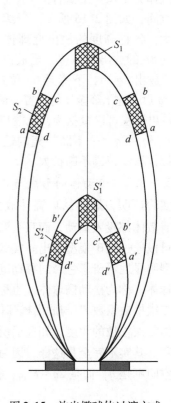

图 2-15　放出椭球体过渡方式

（6）若进一步将"颗粒集合单元体"抽象为颗粒点，将放出椭球体表层厚度抽象为线，这样放出椭球体移动时的过渡方式就遵守式（2-10）所示的关系进行了。

C　"同时从漏口放出"的具体含义

综上所述，关于放出椭球体表面上所有颗粒同时从漏口放出的含义就清楚了：放矿开始，依照图2-15所示的放出椭球体过渡方式，放出椭球体表面不断收缩变小，其厚度也相应地增加，当它的内表面缩小到其上的颗粒从漏口放出开始，一直延续到放完放出椭球体表层所包含的全部颗粒为止这一段时间，就是"同时从漏口放出"的具体含义。由此可见，所谓"同时"不是"一起"的意思，而是指一个"时间区间"或"一段时间"而言。

这样，放出椭球体的性质可以这样来精确表达：放出椭球体是由在一段时间内自漏口相继放出的颗粒所组成，这段时间就是放完放出椭球体表层所有颗粒所需的时间。

2.1.3　松动体

2.1.3.1　散体二次松散过程

所谓二次松散是相对于放出前的第一次松散状况而言的，是指散体从采场放出一部分以后，为了填充放空的容积，在第一次松散（固体矿岩爆破以后发生的碎胀）的基础上所发生的再一次松散。其发生的过程是：当从漏口放出常量椭球体的体积 q 后，散体为了保持平衡将由 $2q - q$ 的散体补充它所留下的空间，如图2-16所示。继续放出，移动范围不断扩大，各种高度的放出椭球体不断下降。现设有体积为 $8q$ 的放出椭球体，当放出 q 后，它下降至 $7q$ 位置，放出 $2q$ 后，下降至 $6q$ 位置，如此依次下降。放出 $7q$ 后，它下降至 q 的位置，最后全部放出。这样散体放出过程可以概括为，从漏口放出 q 后，依次为 $2q - q$，$3q - 2q$，…不断补充的过程。同时在此过程中，散体移动范围不断扩大。

2.1.3.2　松动体的形成与二次松散系数

实验证明，散体从单漏斗放出时，并不是采场

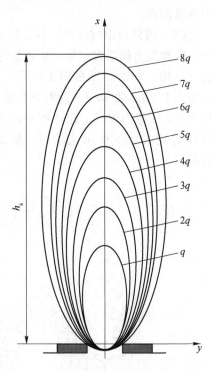

图2-16　散体二次松散过程

内所有散体都投入运动，而只是漏口上一部分颗粒进入运动状态。散体产生运动的范围与形状可以通过放矿模型看出。实验时，在模型内按一定高度铺彩色水平带，放出时可以透过模型明显地看清彩色带的移动范围，如图2-17所示。将移动范围连起来，其形状近似于椭球体，称为松动椭球体，也称为松动体。

二次松散系数 K_{ss} 与放出椭球体体积、松动椭球体体积有关。一般用它的大小来表示散体二次松散的程度。如前面所讨论的，散体放出过程为 $2q - q$，$3q - 2q$，…不断补充的过程。其实不完全是这样，因为散体放出时要产生二次松散，故在 $2q - q$ 递补之后，余下的空间不是 q，而是 $2q - K_{ss}q$，依此类推。每次降落后余下的空间 Δ 为：

$$\Delta_1 = 2q - K_{ss}q$$

$$\Delta_2 = 3q - 2K_{ss}q$$

$$\vdots$$

$$\Delta_{n-1} = nq - (n-1)K_{ss}q$$

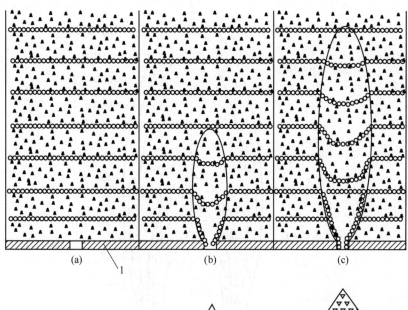

图 2-17　松动椭球体

（a）放出前；（b）放出小部分矿石后；（c）放出较多矿石后

1—放矿模型；2—放出矿石堆

这个过程如图 2-18 所示。

最后余下的空间 $\Delta_{n-1} = 0$，也即：

$$nq - (n-1)K_{ss}q = 0$$

松动椭球体停止扩展，此时放出椭球体 q 所留下的空间被移动带内由于散体的二次松散而膨胀的体积补充，即：

$$K_{ss}q(n-1) = nq \tag{2-11}$$

若取放出的延续时间 t 为一单位时间，则 $Q = q$，此时：

$$K_{ss}Q(n-1) = nQ \tag{2-12}$$

式中　Q——放出椭球体积；

　　nQ——放出散体 Q 以后的最终松动椭球 Q_s。

于是：

$$Q_s = \frac{K_{ss}}{K_{ss}-1}Q \tag{2-13}$$

式中　K_{ss}——二次松散系数，它的值可用式（2-14）表示：

$$K_{ss} = \frac{Q_s}{Q_s - Q} \tag{2-14}$$

在模型实验中测得的二次松散系数值见表 2-1。

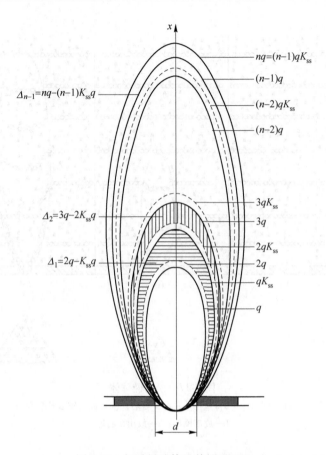

图 2-18　松动椭球体及其扩展过程

表 2-1　不同颗粒级配和装填条件下测得的二次松散系数值

散体介质	风干的铜矿石		风干的磷矿石		砂 子	
	0 ~ 2 mm	9%	< 1 mm	16.8%	< 0.25 mm	32%
颗粒级配	2 ~ 4 mm	17.5%	1 ~ 2.5 mm	40.5%	0.25 ~ 0.5 mm	38%
	4 ~ 6.7 mm	25.2%	2.5 ~ 3.5 mm	17.9%	0.5 ~ 1 mm	21%
	6.7 ~ 10 mm	48.3%	3.5 ~ 4.5 mm	13.4%	1 ~ 5 mm	9%
			4.5 ~ 10 mm	11.4%		
模拟比	1 : 100			1 : 100		
装填松散系数	1.5	1.6	1.7	1.78	平均 1.57	
二次松散系数	1.274	1.167	1.104	1.05	1.12 ~ 1.15	1.1 ~ 1.2, 平均 1.15
极限松散系数	1.91	1.87	1.88	1.87		

从表 2-1 可以看出，随散体介质的物理力学性质、颗粒级配和一次松散系数的不同，二次松散系数是一个变数，变化为 1.05 ~ 1.274。二次松散系数是随着块度和压实度的增大而增大的。实际崩落采场下放矿时的二次松散系数值，应该通过现场实验测定。

2.1.3.3　极限松散系数

实验指出，在放矿过程中，松散矿岩经过一、二两次松散以后，将达到某一松散极限，我们把这种松散称为极限松散，并用极限松散系数来表示：

$$K_j = K_s K_{ss} \qquad (2\text{-}15)$$

式中　K_j——极限松散系数，在散体块度和湿度相近的情况下，不同矿石极限松散系数的
　　　　　值大致相等；

其余符号同前。

2.1.3.4　松动椭球体与放出椭球的关系及松动椭球体的性质

松动椭球体与放出椭球体的体积与二次松散系数有关系。二次松散系数越大，松动椭
球体体积也越大。

A　松动椭球体与放出椭球体关系

从 $Q_s = \dfrac{K_{ss}}{K_{ss} - 1} Q$ 可以确定两者之间的数量关系。只要二次松散系数知道了，它们的关
系也就确定下来了。对一般坚硬的矿石可取 $K_{ss} = 1.066 \sim 1.100$，这样：

$$Q_s = (11 \sim 16) Q \qquad (2\text{-}16)$$

松动椭球体与放出椭球体高度关系可从式（2-16）得出。现取 $Q_s = 15Q$，则：

$$Q_s = 15 \left[\frac{\pi}{6} h^3 (1 - \varepsilon^2) + \frac{\pi}{2} r^2 h \right]$$

$$Q_s \approx \frac{\pi}{6} (1 - \varepsilon_s^2) H_s^3 \qquad (2\text{-}17)$$

式中　ε_s——松动椭球体的偏心率；

　　　H_s——松动椭球体高。

于是得：

$$H_s = \sqrt[3]{\frac{6Q_s}{\pi(1 - \varepsilon_s^2)}} \qquad (2\text{-}18)$$

同时，近似取：

$$Q \approx \frac{\pi}{6} h^3 (1 - \varepsilon^2) \qquad (2\text{-}19)$$

则：

$$Q_s = 15Q = 15 \left[\frac{\pi}{6} h^3 (1 - \varepsilon^2) \right] \qquad (2\text{-}20)$$

将式（2-20）代入式（2-18），得：

$$H_s = 2.46h \sqrt[3]{\frac{1 - \varepsilon^2}{1 - \varepsilon_s^2}} \qquad (2\text{-}21)$$

若将 $\sqrt[3]{\dfrac{1 - \varepsilon^2}{1 - \varepsilon_s^2}}$ 近似地取作 1，就得出：

$$H_s = 2.46h \approx 2.5h \qquad (2\text{-}22)$$

此式表示松动椭球体高为放出椭球体高的 2.5 倍。

由上所述可以看出，松动椭球体与放出椭球体在体积和高度上的数量关系，是按二次松散
系数 $K_{ss} = 1.071$ 的条件下取得的。若二次松散系数不同，它们之间的数量关系也应该不同。

B 松动椭球体性质

（1）松动椭球体体积是放出时间的函数，即：

$$Q_s = \frac{K_{ss}}{K_{ss}-1}S_0 v_p t \qquad (2\text{-}23)$$

式中 S_0——放矿漏斗口横断面积，cm^2；

v_p——散体平均流速，cm/s；

t——放出时间，s。

（2）影响松动椭球体偏心率的因素与影响放出椭球体偏心率的因素基本相同。

（3）松动椭球体的母线就是移动散体和静止散体的交界线，即松动椭球体之外颗粒处于静止状态。

C 松动椭球体内颗粒运动速度分布规律

松动椭球体所包络的范围就是颗粒运动场，该场内颗粒移动速度各部位是不相同的，其特点是，越接近流动轴和放出水平速度越大，这个特点可以用图2-19来表示。从该图可以看到，各水平层上的移动漏斗参数不同。移动漏斗最大直径等于松动椭球体过该水平的截面直径。上部移动漏斗的深度、直径与体积均小，到松动椭球体顶点时都为零；中部移动漏斗直径最大；下部移动漏斗深度最大。各移动漏斗的形状表明各水平层中颗粒垂直下降的速度和移动的距离。

利用松动椭球体内这一现象，可以发现又一种运动形体等速椭球体。

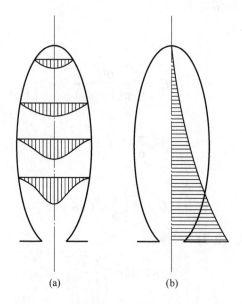

图2-19 松动椭球体内颗粒运动速度分布图

（a）各水平层上的速度分布；（b）流动轴上的速度分布

2.1.4 等速体

把松动椭球体场内垂直下降速度（下降速度的垂直分量）相同的各点连接起来，可以得出许多等速线，这些线所包络的形状近似于椭球，称为等速椭球体，又称为等速体，如图 2-20 中标注 5 所示。

等速椭球体是椭球体放矿理论的重要组成部分，运用它可求出颗粒垂直下降速度、颗粒移动轨迹方程以及放出漏斗的母线方程。

2.1.4.1 等速椭球体的性质

（1）等速椭球体与放出椭球体一样，在散体放出过程中也是由一个向另一个过渡的。位于它表面上所有颗粒始终以相同的垂直速度向下运动，它的下部的表面颗粒被放出以后，随着散体的放出又组成新的等速椭球体。

（2）等速椭球体与放出椭球体的区别是，等速椭球体表面颗粒垂直降落速度相等，但它们到达漏口的时间却不相同；而放出椭球体表面颗粒下降速度不同，而到达漏口的时间相同。

（3）等速椭球体与放出椭球体的关系。当放出椭球体与等速椭球体同高时，由于放出椭球体顶点的速度等于等速椭球体表面各点的速度，根据放出椭球体和等速椭球体的性质，放出椭球体表面一定在等速椭球体表面之外，如图 2-21 所示。

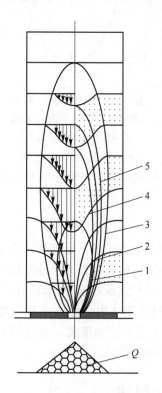

图 2-20 松动椭球体内的
移动漏斗和等速椭球体
1—放出椭球体；2—放出漏斗；3—松动椭球体；
4—移动漏斗；5—等速椭球体；
Q—放出矿石堆

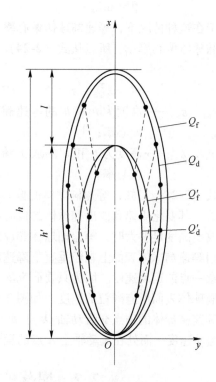

图 2-21 等速椭球体与放出
椭球体同高时的关系
Q_f—高度为 h 时的放出椭球体；
Q_d—高度为 h 时的等速椭球体；
Q_f'—高度为 h' 时的放出椭球体；
Q_d'—高度为 h' 时的等速椭球体

　　这样放出椭球体的偏心率 ε_f 比等速椭球体的偏心率 ε_d 小。正是由于这个原因，当两者过同一点 B 时，等速椭球体高于放出椭球体（见图2-22）。在放出过程中，这个交点一直保持到最后放出。

2.1.4.2　等速椭球体的偏心率

　　由图2-21可知，当从漏斗口放出一定散体后，两者的高度同时从 h 下降至 h'，行程为 l。由于是放出相同矿量，故式（2-24）成立：

$$\left.\begin{array}{l} Q_{hd} - Q_{h'd} = Q_{hf} - Q_{h'f} \\ Q_{hd} - Q_{hf} = Q_{h'd} - Q_{h'f} \end{array}\right\} \quad (2\text{-}24)$$

式中　Q_{hd}，$Q_{h'd}$——等速椭球体放出前和后的体积，m^3；

　　　　Q_{hf}，$Q_{h'f}$——放出椭球体放出前和后的体积，m^3。

　　由于在这种情况下，等速椭球体偏心率 ε_d 大于放出椭球体偏心率 ε_f，所以从式（2-24）可以得出：

$$\varepsilon_{hd}^2 - \varepsilon_{hf}^2 = \varepsilon_{h'd}^2 - \varepsilon_{h'f}^2 \quad (2\text{-}25)$$

式中　ε_{hd}，$\varepsilon_{h'd}$——高度为 h 和 h' 的等速椭球体偏心率；

　　　　ε_{hf}，$\varepsilon_{h'f}$——高度为 h 和 h' 的放出椭球体偏心率。

　　由式（2-25）可知，等速椭球体的偏心率也是变化的，其变化规律和放出椭球体的偏心率相同。

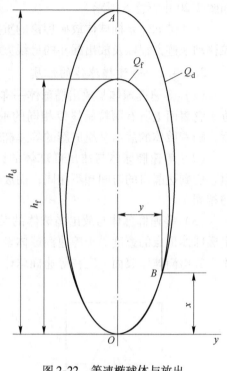

图2-22　等速椭球体与放出
椭球体过同一点时的关系
h_f—放出椭球体 Q_f 的高；
h_d—等速椭球体 Q_d 的高；
B—放出椭球体与等速椭球体的交点；
x—交点 B 的高

　　在放出高度足够大时，等速椭球体和放出椭球体的偏心率相近，且都趋于稳定。

　　利用等速椭球体表面上颗粒垂直下降速度相等的性质，就可以很方便地求出散体运动场内任意一点的运动速度。因为只要研究流动轴上任一颗粒点运动速度，就可得出过该点的等速椭球体表面所有颗粒的速度。如图2-22所示，过运动场内任意点 B 作一等速椭球体，该等速椭球体的顶点交流动轴 Ox 于 A。假如求得 A 点的运动速度，也就同时求得了 B 点的运动速度，而处在流动轴上 A 点的运动速度是不难求得的。

2.2　崩落矿岩的运动规律

2.2.1　松动带内颗粒下降速度

2.2.1.1　流动轴上的颗粒下降速度

　　流动轴线上的颗粒下降速度是很容易求得的。设放矿漏口流动面积为 S_0，散体的平均流速为 v_p，放出时间为 t，根据式（2-4），可得出：

$$S_0 v_p t = \frac{\pi}{6} h^3 (1 - \varepsilon^2) + \frac{\pi}{2} r^2 h$$

取微分后，写成：

$$S_0 v_p \mathrm{d}t = \frac{\pi}{2} h^2 (1 - \varepsilon^2) \mathrm{d}h + \frac{\pi r^2}{2} \mathrm{d}h$$

于是得任意高度流动轴上的颗粒下降速度：

$$v = \frac{\mathrm{d}h}{\mathrm{d}t} = \frac{S_0 v_p}{\frac{\pi}{2} h^2 (1 - \varepsilon^2) + \frac{\pi r^2}{2}} \tag{2-26}$$

以 $S_0 = \frac{\pi d^2}{4} = \pi r^2$ 代入式（2-26），就得：

$$v = \frac{v_p}{2(1 - \varepsilon^2) \dfrac{h^2}{d^2} + \dfrac{1}{2}} \tag{2-27}$$

式中　v——流动轴 Ox 上任意高度的颗粒下降速度。

因为放出椭球体顶点在同一高度上的上升与下降速度的绝对值相等而方向相反。计算式（2-27）时，差了一个负号，本书标明"下降速度"以代替负号，所以式中未加负号。

从式（2-27）可知：（1）流动轴上的颗粒速度与 h/d 成反比，当颗粒到达漏口，即 $h = 0$ 时，$v = 2v_p$，流速最大，为平均流速的 2 倍；（2）流动轴上的下降速度与平均速度 v_p 成正比。

2.2.1.2　松动带内任意颗粒点的下降速度

解决这个问题时，可利用等速椭球体表面所有颗粒下降速度相等的性质。因为只要知道了它表面上任意一点的速度，就可求得等速椭球体的降落速度。如图 2-23 所示，过运动场内任一点 A_1 作等速椭球体，并使它的顶点 A_0 与流动轴相交。如前所述，流动轴上的颗粒点 A_0 可以利用式（2-27）求得。

首先求出 A_0 与放矿口距离。

当坐标原点为椭圆中心时，椭圆方程为：

$$\frac{x^2}{a^2} + \frac{y^2}{b^2} = 1$$

$$\frac{y^2}{b^2} = 1 - \frac{x^2}{a^2}$$

$$a^2 \frac{y^2}{b^2} = a^2 - x^2 = (a + x)(a - x) \tag{2-28}$$

因为：

$$b^2 = a^2 (1 - \varepsilon^2) \tag{2-29}$$

所以将式（2-29）代入式（2-28）得：

$$\frac{y^2}{1 - \varepsilon^2} = (a + x)(a - x) \tag{2-30}$$

现将坐标原点由等速椭圆面几何中心移到放出口中心上。由图 2-23 可知：

$$x_1' = a - x$$

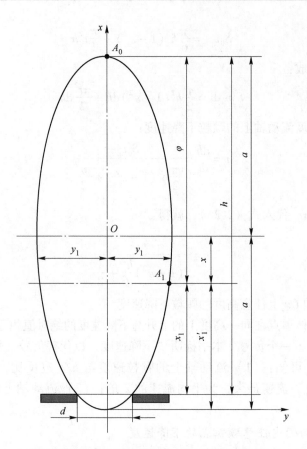

图 2-23　利用等速椭球体求任一颗粒点下降速度

$$\varphi = a + x$$
$$y = y_1 \tag{2-31}$$

将式（2-31）代入式（2-30），得：

$$\frac{y_1}{1 - \varepsilon^2} = x_1' \varphi$$

$$\varphi = \frac{y_1^2}{x_1'(1 - \varepsilon^2)} \tag{2-32}$$

式中　φ——速度相位差，由于 A_0 和 A_1 两颗粒点速度相等，此值在整个运动期间始终不变。

若式（2-32）中的 x_1' 用 A_1 与放出口水平之间的距离 x_1 代替，实际上已足够精确，所以可写成：

$$x_1 \approx x_1' \tag{2-33}$$

将式（2-33）代入式（2-32），得：

$$\varphi = \frac{y_1^2}{x_1(1 - \varepsilon^2)} \tag{2-34}$$

这样 A_0 与放出口的距离等于：

$$h = x_1 + \varphi = x_1 + \frac{y_1^2}{x_1(1 - \varepsilon^2)} \tag{2-35}$$

再将式（2-35）代入式（2-27）中，最后得出运动场内任意一点的下降速度方程：

$$v = \frac{v_{\mathrm{p}}}{2\dfrac{1-\varepsilon^2}{d^2}\left[x_1 + \dfrac{y_1^2}{x_1(1-\varepsilon^2)}\right]^2 + \dfrac{1}{2}} \tag{2-36}$$

将 x_1 和 y_1 换成流动坐标，则：

$$v = \frac{v_{\mathrm{p}}}{2\dfrac{1-\varepsilon^2}{d^2}\left[x + \dfrac{y^2}{x(1-\varepsilon^2)}\right]^2 + \dfrac{1}{2}} \tag{2-37}$$

利用式（2-37）可以求出运动场内所示各水平层的"横向速度图"和沿流动轴的"纵向速度图"。因为当某水平层 x 值已知后，取不同的 y 值，就可求得该水平的"横向速度分布图"；当颗粒位于流动轴 y 上，即取 $y=0$ 时，取不同 x 值，就可求得"纵向速度分布图"。

2.2.1.3　影响颗粒下降速度的因素

A　散体颗粒粒径对运动速度的影响

生产实践证明，颗粒粒径对放矿速度影响很大。根据实验资料，在放矿口直径 1.5 m 时，它们的关系见表 2-2。

表 2-2　散体粒径与放出速度

加权平均粒径/m	散体放出速度/(m·s⁻¹)
0.180	0.0320
0.195	0.0300
0.215	0.0250
0.235	0.0214
0.395	0.0124

从表 2-2 可以看出，随着散体粒径的增加，放出速度减小，其关系可用以下经验公式表示：

$$v = 0.004d^{-1.2} \tag{2-38}$$

式中　v——散体放出速度，m/s；

　　　d——散体加权平均粒径，m。

B　放矿口直径与放出速度之间的关系

这可以从散体放出速度与放出口直径关系看出。图 2-24 是用 1～2 mm 的砂子作散体材料，然后在不同直径的放矿口进行放出实验的条件下得出的。实验证明，散体放出速度与放出口直径呈正比关系。

C　散体粒级组成对放出速度影响

实验证明，假如散体颗粒不均匀，小颗粒的粒径小于大颗粒之间的间隙 1/3 以下时，放矿时

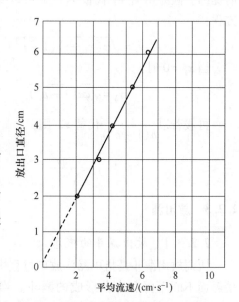

图 2-24　散体放出速度与放出口直径关系

小颗粒将穿过大颗粒之间的间隙以较快的下降速度从漏斗口放出。如果小颗粒是覆盖废石，则造成超前贫化。由此可见，前面讨论的颗粒下降速度及其计算公式，是在散体颗粒比较均匀的条件下得出的。

2.2.2 松动带内颗粒运动轨迹

在研究颗粒运动的轨迹时，仍旧应用图 2-23 所示的等速椭球体原理，由于颗粒运动相位差 φ 不变，对于 A_1 点的任意两个位置，可以写成：

$$\varphi = \frac{y_1^2}{x_1(1-\varepsilon^2)} \quad 及 \quad \varphi = \frac{y_2^2}{x_2(1-\varepsilon^2)}$$

这样：

$$\frac{y_1^2}{x_1(1-\varepsilon^2)} = \frac{y_2^2}{x_2(1-\varepsilon^2)}$$

若就 y_2 求解，则：

$$y_2 = y_1 \sqrt{\frac{x_2}{x_1}} \qquad (2\text{-}39)$$

将 x_2、y_2 换成流动坐标 x、y，x_1、y_1 换成起始坐标 x_0、y_0，就可得到颗粒运动轨迹的一般方程：

$$y = y_0 \sqrt{\frac{x}{x_0}} \qquad (2\text{-}40)$$

式（2-40）表明，颗粒运动轨迹是抛物线。

这里应当指出的是，式（2-39）中，当 $x_1 = 0$ 时（即放矿口上的颗粒），y_2 就为无穷大，这是因为上述计算中，曾用 x_1 代替了 x_1'，并以 x_1 大于漏斗半径 r 为前提的。假如用 $x_1 + z$ 代替 x_1'，就可以得到准确的求迹方程：

$$y_2 = \sqrt{\varphi(x_1 + z)(1-\varepsilon^2)} \qquad (2\text{-}41)$$

当 $x_1 = 0$ 时：

$$y_2 = \sqrt{\varphi z(1-\varepsilon^2)} \qquad (2\text{-}42)$$

再假若以 $\dfrac{r^2}{h(1-\varepsilon^2)}$ 代替 z，则：

$$y_2 = \sqrt{\frac{\varphi r^2}{h}} \qquad (2\text{-}43)$$

2.2.3 放出漏斗

2.2.3.1 放出漏斗的概念

所谓放出漏斗是指单漏斗放矿过程中由于松散矿岩接触面不断下降和弯曲形成的漏斗。当其顶点到达漏口，即图 2-25 所示的矿岩接触面与流动轴 Ox 的交点 0

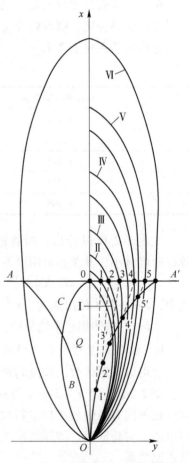

图 2-25 放出漏斗的形成过程
Ⅰ~Ⅴ—各种高度的移动椭球体；
Ⅵ—松动椭球体；
B—放出漏斗母线；C—放出椭球体

到达漏口时，表示纯矿石已经放完，若继续放矿，将出现废石。而所形成的漏斗 AOA' 称为放出漏斗，该漏斗对称于流动轴 Ox。

2.2.3.2 放出漏斗的形成过程

放出漏斗的形成过程，可以应用前述的放出椭球体过渡时相关位置不变的原理来解释。如图 2-25 所示，当放出纯矿石量 Q 以后，形成放出椭球体 Q 及各种高度下的移动椭球体 Ⅰ、Ⅱ、Ⅲ、Ⅳ、Ⅴ。设矿岩接触面 $A—A'$ 与放出椭球体相切于 0 点，与各移动椭球体分别相交于 1、2、3、4、5 各点。由于放出了散体 Q，所以放出体的顶点必定到达了漏口，各移动椭球体与接触面的交点 1、2、3、4、5 也必然下降至 1′、2′、3′、4′、5′，而 1—1′、2—2′、3—3′、4—4′、5—5′ 就是各移动椭球体按相关位置不变原理移动时各点的移动轨迹，将各降落点 1′、2′、3′、4′、5′ 连接起来便是放出漏斗母线。对于这一现象也可以作这样的理解：将位于任一水平上移动时间相同（或放出量相等）的点连接起来便是移动漏斗曲线，而放出漏斗母线就是矿岩接触水平层上各颗粒在放出纯矿石 Q 这段时间内移到新位置的连线。

2.2.3.3 放出漏斗性质

A 放出漏斗体积

单漏斗放矿时放出漏斗的体积和放出椭球体体积以及放出纯矿石体积近似地相等，即：

$$Q_1 \approx Q \approx Q_f \tag{2-44}$$

式中 Q_1——放出漏斗体积，m^3；

Q_f——放出纯矿石体积，m^3。

之所以三者只能近似相等，是因为放出过程中散体发生了二次松散和放出后的体积往往是根据矿石重量折算而得的。

B 放出漏斗形状

放出漏斗的形状取决于漏斗母线曲率。一般它的曲率半径是很大的，并由以下因素决定：

（1）散体流动性：散体流动性好，放出体偏心率小，母线曲率半径大。

（2）放矿层高度：放矿层高度大，曲率半径减小，母线与原矿岩接触面交汇处也较平缓。

C 放出漏斗的最大半径 R 及高 h

放出漏斗的高等于矿石层高，其半径等于松动椭球体和矿岩接触面相截的横断面为圆的半径，它的值可用以下方法求得。

根据椭圆方程 $y^2 = (a^2 - x^2)(1 - \varepsilon^2)$，令 $a = 0.5H_s$，$x = 0.5H_s - h$，$R = y$，于是得：

$$R = \sqrt{(H_s - h)h(1 - \varepsilon_s^2)} \tag{2-45}$$

式中 ε_s——松动椭球体偏心率；

h——放出椭球体高，即矿石层高，m。

2.2.3.4 放出漏斗母线方程

求放出漏斗母线方程的方法有好几种，本书采用其中一种比较简单的方法。首先在松动带内作等速椭球体，并设某颗粒 A 位于其顶点，离放出水平的垂直距离为 h_2。当从漏口放出矿石体积 Q 后，所用的放出时间为 $t(\mathrm{s})$。在此时间内，颗粒 A 沿流动轴下降至 h_1 行程为 l，如图 2-26 所示。

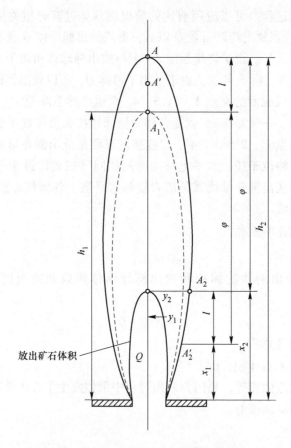

图 2-26　放出漏斗母线方程求算图

为了求颗粒 A 沿流动轴的垂直下降速度，设在 $\mathrm{d}t$ 瞬间该颗粒下降到距放出水平的垂直高为 x，则行程应该为 $h_2 - x$，其运动速度为：

$$\frac{\mathrm{d}(h_2 - x)}{\mathrm{d}t} = -\frac{\mathrm{d}x}{\mathrm{d}t}$$

也可以表示为：

$$-\frac{\mathrm{d}x}{\mathrm{d}t} = \frac{v_{\mathrm{p}}}{2(1 - \varepsilon^2)\dfrac{x^2}{d^2} + \dfrac{1}{2}}$$

$$-v_{\mathrm{p}}\mathrm{d}t = \left[2(1 - \varepsilon^2)\frac{x^2}{d^2} + \frac{1}{2}\right]\mathrm{d}x$$

求 x 的积分：

$$\int_{h_1}^{h_2}\left[2(1 - \varepsilon^2)\frac{x^2}{d^2} + 0.5\right]\mathrm{d}x = -v_{\mathrm{p}}\int_{t_1}^{t_2}\mathrm{d}t$$

按照假设条件，当 $x = h_2$ 时，$t_2 = 0$，积分后，得：

$$2(1 - \varepsilon^2)\frac{h_2^3}{3d^2} + 0.5h_2 - 2(1 - \varepsilon^2)\frac{h_1^3}{3d^2} - 0.5h_1 = v_p t_1$$

式中　t_1——颗粒 A 由高度 h_2 下降至高度为 h_1 的 A_1 位置所花的时间，同时也是放出高度为 x_2 的放出椭球体和位于矿岩接触面上的颗粒 A_2 由高度 x_2 下降至高度 x_1 所用的时间，无疑也是放出漏斗形成的时间。

根据前述原理，放出椭球体体积 $Q = S_0 v_p t_1$，代入前式，得：

$$h_1^3 + \frac{0.75d^2}{1 - \varepsilon^2}h_1 - h_2^3 - \frac{0.75d^2}{1 - \varepsilon^2}h_2 + \frac{Q}{S_0}\frac{1.5d^2}{1 - \varepsilon^2} = 0 \qquad (2\text{-}46)$$

解此方程，只能求得放出矿石量 Q 以后，颗粒 A 由已知高度 h_2 下降到新的位置 A_1 所处的高度 h_1。目的是要了解与放出漏斗母线有关系的颗粒 A_2 的运动情况。

由图 2-26 得知，A_2 的坐标为 (x_2, y_2)，则得：

$$h_2 = x_2 + \varphi = x_2 + \frac{y_2^2}{x_2(1 - \varepsilon_0^2)}$$

$$h_1 = x_1 + \varphi = x_1 + \frac{y_1^2}{x_1(1 - \varepsilon_0^2)}$$

式中　ε_0——等速椭球体偏心率。

由于等速体表面颗粒的相位差相等，所以：

$$h_2 = x_2 + \frac{y_1^2}{x_1(1 - \varepsilon_0^2)}$$

把 h_1 和 h_2 代入式（2-46），可得放出漏斗母线方程：

$$y_1 = \sqrt{x_1(1 - \varepsilon_0^2)\left[\sqrt{\frac{Qd^2}{2S_0(1 - \varepsilon_1^2)(x_2 - x_1)} - \frac{0.25d^2}{1 - \varepsilon_1^2} - \frac{(x_2 - x_1)^2}{12}} - \frac{x_2 + x_1}{2}\right]} \qquad (2\text{-}47)$$

式中　S_0——放矿漏斗口的横断面积。

应当指出，由于上述计算中没有考虑速度阻滞系数，所以当 x_1 接近于 x_2 时，y_1 值很大，当 $x_1 = x_2$ 时，$y_1 = \infty$，故式（2-47）只适于 $x_1 < 0.8x_2$ 的情况，而对于大于 $0.8x_2$ 的放出漏斗母线，首先应用式（2-45）确定其半径，然后从半径端点直接与小于 $0.8x_2$ 的线段相连。因为一方面这样做已足够精确，另一方面在 $(0.8 \sim 1)x_2$ 范围内的线段不具很大的实际意义。具有重要意义的区段是靠近放矿口附近。

应当指出，在上述计算中，各椭球体的偏心率 ε 是作常数处理的，所以按公式描绘的放出漏斗母线与它的实际母线有些差异。为了获得比较精确的结果，可以取某一中间椭球体的偏心率值作为计算参数。而中间椭球体高 h 可用下式求得：

$$h_p = \frac{H_s + h}{2} \qquad (2\text{-}48)$$

知道了 h 和放矿漏斗直径 d 以后，就可以从 $\varepsilon = \varepsilon(h/d)$ 曲线查得 ε 值。

课程思政

放矿领域专家学者介绍

王昌汉，男，中南大学教授。研究了松散矿岩放出时的力学规律，包括放矿动力学、放矿静力学和放矿运动学，建立散体运动的动力学微分方程，指出放出体、松动体的最大宽度不在其长轴的$\frac{1}{2}$处，而是随矿岩的物理力学性质的变化而上下移动。

习题与思考题

2-1   底部单一漏斗放矿时，绘制散体在移动过程中形成的放出体、放出漏斗、松动体关系图。

2-2   椭球体放矿理论的实质是什么？

2-3   论述放出椭球体的主要性质有哪些？放出椭球体的偏心率有什么意义，有哪些因素影响偏心率。

2-4   用整个椭球体减去截取部分$\left(Q=\frac{4\pi}{3}ab^2-V_r\right)$来推导截头椭球体的体积计算公式。

2-5   简述松动椭球体的基本性质，松动椭球体与放出椭球体之间的关系。

2-6   简述放出漏斗与放出椭球体之间的关系。

2-7   作图说明松动椭球体内颗粒运动速度分布规律。

3 多漏斗底部结构放矿时矿岩运动规律

3.1 相邻漏斗放矿时矿岩运动规律

前面介绍了单漏斗放矿时崩落矿岩的运动规律,而在生产实践中,崩落采场的矿岩散体一般是从多漏斗中放出的,因此必须研究多漏斗底部结构放矿时崩落矿岩的运动规律。

3.1.1 相邻漏斗的相互关系

实践证明,多漏斗进行放矿时相邻漏斗的松动体有不相互影响、相互相切和相互相交三种情形。

(1) 相邻松动体不相互影响(见图 3-1)。

此时:

$$R < \frac{l_d}{2} > b_s; \quad \frac{l_d}{2} > b$$

式中　l_d——放矿漏斗轴线间距,m;

　　　b_s——松动体短半轴,m;

　　　b——放出体短半轴,m;

　　　R——放出漏斗最大半径,m。

在这种情况下,当放完与崩落矿石层 h 同高的全部纯矿石后,相邻漏斗形成的最终松动体和放出漏斗不相交,相互不影响,各放矿漏斗处于单独放矿的条件下。放矿一开始,崩落矿岩接触面便产生弯曲,漏斗间的脊部残留大量矿石,引起很大的矿损。脊峰高等于崩落矿石层高 h。

(2) 相邻松动体相切(见图 3-2)。

此时:

$$R = \frac{l_d}{2} = b_s; \quad \frac{l_d}{2} > b$$

在这种条件下,当放完与崩落矿石层 h 同高的全部纯矿石体积后,相邻漏斗形成的最终松动体正好相切,与其相应的放出漏斗在崩落矿岩接触面处接近于相交。在这种情况下,各漏斗放矿仍然单独进行。漏斗脊部也残留大量矿石,但比上一种情况矿石损失稍小一些。这种情况仍然是不够理想。

(3) 相邻松动体相交(见图 3-3)。

此时:

$$b_s > \frac{l_d}{2} < R; \quad \frac{l_d}{2} = b$$

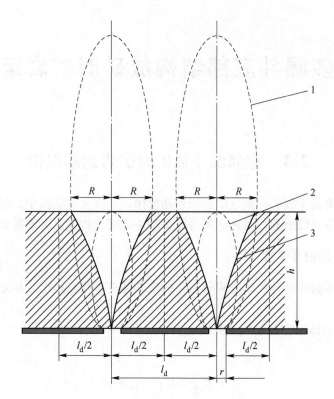

图 3-1   相邻漏斗松动体不相互影响
1—松动体；2—放出体；3—放出漏斗

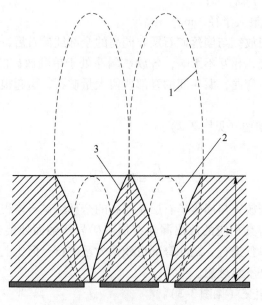

图 3-2   相邻松动体相切
1—松动体；2—放出体；3—放出漏斗

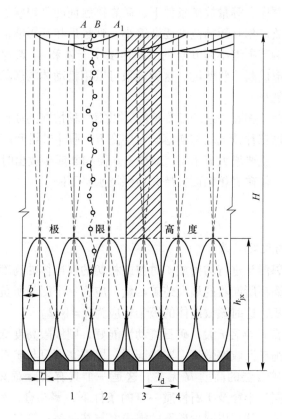

图 3-3　相邻松动体相交

在这种情况下，当放出一定的矿石体积后，放出体的高度等于极限高度 h_{jx}，且这个高度又远远小于崩落矿石层的高度 H 时，那么它将与达到极限高度的相邻漏斗的放出椭球体相切。相邻松动体和放出漏斗在崩落矿石层 H 范围内相互交叉。这时相邻漏斗放矿时相互影响、相互作用，可以使矿岩接触面保持水平下降。

如图 3-3 所示，在放矿过程中位于矿岩接触面和放矿漏斗 1、2 轴线相交点上的颗粒 A 和 A_1，在均衡放矿时沿着各自的漏斗轴线向下运动。而在相邻漏斗轴线中间的颗粒 B，先在第一个放矿漏斗的松动体内运动，然后又在相邻的第二漏斗，以及其他前后相邻漏斗的松动椭球体内依次向下运动。所以实际上颗粒 B 是沿着折线向下运动。在各方向上依次向下运动一个周期后，矿岩接触面又趋于平坦。由此可见，颗粒 B 的运动速度是周围相邻漏斗放出时对该点产生的运动速度叠加的结果。它的移动过程是这样的：当从漏斗 1 放矿时，B 点沿着 $y = y_0 \sqrt{\dfrac{x}{x_0}}$ 决定的轨迹移动到新的位置，这个位置离开中线偏向漏斗 1。当从漏斗 2 放出等量的矿石时，B 点又从该位置沿上述方程所决定的轨迹，回到中线上。如此反复进行，最后形成了"之"字形的运动迹线。

若不采用均衡的等量顺次放矿，则 B 点将离开中线偏向放矿量多的漏斗一边，不再回到中线上，矿岩接触面开始弯曲，并随着矿石的放出不断加深弯曲度，造成较大的矿石贫损。

但即使在均衡、顺序、等量放矿条件下，矿岩接触面的平坦状态也只能保持到一定的高度。因为相邻漏斗放矿相互影响范围逐渐缩小，到最后相互影响消失时，每个漏斗开始单独放出。当相互影响范围缩小到 B 点的下降速度小于 A 和 A_1 点的下降速度时，矿岩接触面开始弯曲，最后形成漏斗状凹坑。这种现象可以用松动体的形状来解释，因它越接近放出水平，松动范围越小。

以上分析了相邻漏斗相互关系的三种情况，以第三种情况的放矿效果最好，漏斗脊部残留的矿石量最小。这三种情况均与崩落矿石层高 H、漏斗轴线间距 l_d 和漏斗口直径 d 有关。为了提高回收率，就要增大 H 和 d，减少 l_d。使相邻漏斗放出时产生的最终松动体相交，并采用均衡放矿，使矿岩接触面较持久地保持水平下降。

3.1.2　极限高度

3.1.2.1　极限高度的定义

极限高度就是相邻漏斗进行均衡放矿时彼此相切的放出体的高度。矿岩接触面下降到这个高度时，从单一漏斗所回收的最大纯矿石量，应为一个漏斗所负担的平行六面体 $h_{jx}l^2$ 中的内切放出体的体积，这时该放出体的短半轴应为 $b=l_d/2$。

漏斗间距 l_d 小，漏口半径 r 大，矿石流动性能好，则极限高度低，矿岩接触面下降保持水平状态时间长，纯矿回收率增高。实验证明，极限高度只与矿石性质、漏斗间距和漏口半径有关，与崩落矿石层的高度 H 无关。这是一个具有实际意义的重要结论，因为：第一，在漏斗间距、漏口半径及矿石性质一定的条件下，漏斗脊部残留的矿石数量不变，所以只要增加采场高度，就可以减少矿石的损失率与贫化率；第二，极限高度也是崩落法采场最低限度崩落矿石层高度，低于这个高度得不到好的放矿经济效果。关于这一点已在前面进行了详细阐述，在此不再赘述。

3.1.2.2　极限高度的确定方法

从前面的介绍中知道，极限高度对崩落采矿法来说是一个极其重要的参数，所以精确地确定它具有重要意义。计算极限高度的方法有以下几种。

（1）利用放出体长、短轴与它的偏心率的关系求得。由椭圆公式得：

$$\frac{b^2}{a^2} = 1 - \varepsilon^2$$

根据极限高度定义，$b=l_d/2$，$a \approx h_{jx}/2$，代入上式，得：

$$h_{jx} = \frac{l_d}{\sqrt{1-\varepsilon^2}} \tag{3-1}$$

当 l_d 和 ε 已知，就可求出极限高度 h_{jx}。

（2）利用放出体 $\varepsilon = \varepsilon(h/d)$ 和 $b=b(h/d)$ 关系曲线（见图 3-4）求出。当 d 和 $b=l_d/2$ 已知，查 $b=b(h/d)$ 曲线可以找出 $b=l_d/2$ 时的 h/d 值。由于 h/d 中的 d 值已知，所算的 h 值就是所要求的极限高度 h_{jx}。

（3）利用经验公式求出。$h/d>3$ 和 $l_d>d$ 的条件下，对块状矿石（粒级 5~1000 mm），有：

$$h_{jx} = 3.3(l_d - d) \tag{3-2}$$

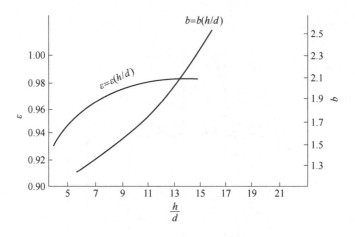

图 3-4　ε、b 与 h/d 关系曲线

对细粒级矿石（小于 5 mm 的含量占 50% 以上），有：

$$h_{jx} = 7.2(l_d - d) \tag{3-3}$$

3.1.3　贫化开始高度

实践证明，多漏斗进行均衡放矿时，贫化开始的高度不是极限高度，而是低于这个高度的某一高度。如前所述，矿岩接触面下降到一定高度后开始弯曲（波浪状），若继续放矿，弯曲逐渐加深。此时由于相邻漏斗的松动体和放出漏斗仍然相交和相互影响，当矿岩接触面继续下降到达相邻放出漏斗相交点 D 的高度时，各放矿漏斗所产生的松动体的相互影响才完全消失，进入单一放矿漏斗的条件下放矿，矿岩接触面呈漏斗状的凹坑下降。当矿岩接触面上的废石出现在漏斗口的瞬间，矿石便开始产生贫化。就在这时，相邻放出漏斗的相交点仍在 D 处，如图 3-5 所示。这个 D 点的高度——相邻放出漏斗相交点的高度，称为贫化开始高度 h_1。

具体地说，在这种高度下，把相当于 h_1 高度的放出体的体积的纯矿石放完以后，矿石就开始贫化，并在放出漏斗之间残留着脊部矿石。这部分残留矿石将和废石混合放出，一直放到所放出的贫化矿石品位达到截止品位为止，便停止放出。

贫化开始高度 h_1 的确定方法如下。

（1）利用放出漏斗母线确定。即利用单漏斗放矿时的放出漏斗母线方程，计算并绘出各放出漏斗母线（见图 3-5），然后找出母线彼此相交的点 D，而 D 点所在的高度即为贫化开始高度 h_1。

（2）根据实验确定。由不同的放矿条件进行的大量实验资料证明，h_1 的变动范围是在极限高度 h_{jx} 的 0.75 倍的地方，故计算时取 h_1 的值为：

$$h_1 = 0.75 h_{jx} \tag{3-4}$$

3.1.4　漏斗间矿损脊峰高度

如前所述，贫化开始以后，为了提高矿石回收率，仍继续放出有废石混入的贫化矿石，一直放到其品位等于截止品位，才不再放出。这时在放矿漏斗之间残留着在本采场内

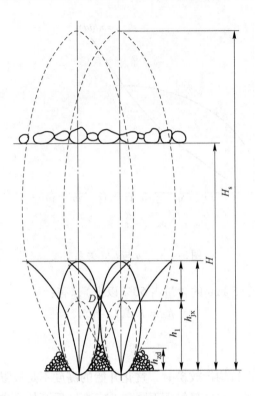

图 3-5 贫化开始高度计算图

（或者本分段内）无法放出的脊部矿石，其脊峰高为 h_{zd}，如图 3-6 所示。其宽介于漏斗间距 l_d 和漏斗间矿柱 $(l_d - d)$ 之间，其形状为棱锥体。由此可以看出，前面所讲的贫化开始高度 h_1 是矿石开始贫化前留在漏斗间的脊部矿石的脊峰高，而 h_{zd} 乃是矿石放到截止品位以后残留在漏斗间将要损失的矿石脊峰高，为了便于和前者区别，故称为矿损脊峰高。它的确定方法有理论推导和实验方法两种。本书只介绍以下近似计算法。

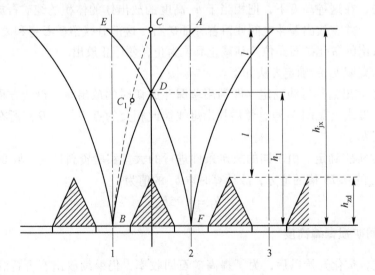

图 3-6 脊峰高度计算图

实验证明，如果相邻漏斗的交点 D 到极限高度 h_{jx} 的距离为 l，则矿损脊峰高度 h_{zd} 应等于极限高度减去 $2l$，即：

$$h_{zd} = h_{jx} - 2l \tag{3-5}$$

而：

$$l = h_{jx} - h_1 \tag{3-6}$$

将式（3-6）代入式（3-5），得：

$$h_{zd} = h_{jx} - 2(h_{jx} - h_1) = 2h_1 - h_{jx} \tag{3-7}$$

3.1.5 松动体的偏斜

实验证明，相邻漏斗放出时，若其中一个漏斗先放出一定量的矿石后，再从相邻漏斗放矿，则相邻漏斗中的松动体不是始终保持垂直方向。开始阶段它向先放出矿石的邻接漏斗偏斜，然后随着矿石的继续放出才逐渐转为垂直方向。如图 3-7 所示，先从漏斗 2 放出 500 g 左右的矿石，松动体 I 沿着垂线方向向上发展，到达矿岩接触面。接着从相邻漏斗 1 放出 48 g 矿石，松动体 a 明显地偏向漏斗 2。当放出量增加到 108 g，相应的松动体 b 的偏斜度减少了，但其顶点仍处在漏斗 2 的轴心线附近。继续从漏斗 1 放矿，总量达 540 g 以后，松动体 II 才达到正常的垂直位置（漏斗 1 的轴心线上）。

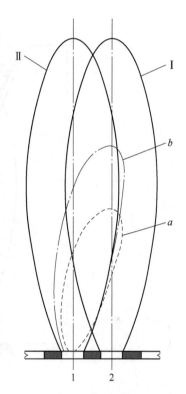

图 3-7 松动体的偏斜

出现这种现象，是由于从漏斗 2 先放出一定数量矿石以后，其上部的崩落矿石内发生了二次松散，密度减少，主应力和内摩角相应降低，抗剪强度减弱。当从漏斗 1 放出时，矿石的流动就会优先从抗剪强度弱的地方开始，形成放出开始阶段的偏斜现象。

松动体偏斜程度与每个漏斗的一份放出量（指一次连续放出矿量）关系很大。若某一漏斗连续放出量过大，相邻漏斗放出时，其上的松动体就会发生很大的偏斜。这样就会引起矿岩接触面不均匀下降，增加废石混入的机会，减少矿石回收率。

放矿模型实验证明，矿石损失率与一份放出矿量的关系是很大的。所以在生产中，为了保证好的经济指标，取得较好的矿石回收率，要求严格控制每个漏斗的一份放出矿量。生产中一般采用 150 t 左右为好。

当然这个要求只是在崩落矿石层高度等于或大于极限高度的情况下才有意义。假如漏斗间距大，放矿层低（采场高度低），每个漏斗独立放出，这种要求就没有必要了。

3.1.6 最优放矿方式

一般而言，使用均衡放矿是最优的放矿方式。它的具体内容就是以等量、顺序、均匀的方式放矿。这种方式是垂直壁采场的一种最优的放矿方式，经济效果最好。当然这种方式需要有严格的管理制度才能实现。假如不采用这种放矿方式，而采用顺次放矿，即不考虑均匀地从每个漏斗放出，而是从出矿巷道的一端按漏斗顺序放到另一端，且每个漏口一直放到出现废石为止，或者放到经济上合理的截止品位为止，然后再放相邻接的漏斗；或采用一种既不考虑等量又不按顺序的放矿方式，即哪个漏斗好放就在哪里放。无疑，后面两种方式是不好的。为了说明这一点，可以用两个相邻漏斗顺次放出的简单例子来解释。如图 3-8 所示，先由漏斗 1 将矿石放到出现废石为止。这时与放出纯矿石体积相对应的放出体的体积为 Q_1；再从漏斗 2 进行放矿，当放出体发展到与放矿漏斗 1 形成的放出漏斗母线 AN 相切于 m 点后，即表示该漏斗的纯矿石已经放完，与此相应的放出体为 Q_2。

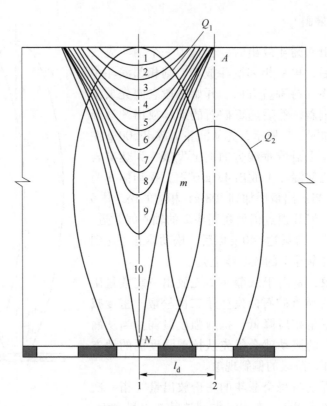

图 3-8　顺次自相邻漏斗放出

1~9—接触面的下降过程；10—形成的放出漏斗

从图 3-8 可以清楚地看出，Q_1 的体积大大地超过了 Q_2 的体积。这就意味着这两个漏斗总的纯矿回收率减少，而纯矿回收率减少，将影响总的矿石回收率。

3.2　有底柱崩落法出矿结构的初步选择

本节主要讨论覆盖岩层下放矿时崩落法采场结构参数的初步选择，但不涉及其他参数。从前面的介绍中可以知道，放矿过程中所发生的损失与贫化，与采场的结构参数有很大的关系。由于采场构成要素很多，不可能全部讨论，故只讨论与矿石损失贫化关系较大的几个主要参数：放矿漏斗口尺寸、分段或阶段高度、漏斗间距、放矿巷道间距、边缘漏斗与已采邻接采场距离以及采场面积等。

这里应当指出，采场最优的构成要素不仅要满足放矿方面的要求，而且还要满足采准切割工作量小、凿岩效率高、底柱稳固及维护费用小、满足产量达标，以及回采强度大等方面的要求。所以，按放矿要求选取的采场参数只是初步的，采场的最优参数必须综合上述各因素才能确定。

从放矿效果来选择采场结构参数遵循的基本原则，仍旧是开始贫化以前纯矿回收率最大。

3.2.1 放矿漏斗口直径的确定

实验证明，放矿漏斗口直径对贫化前纯矿回收率影响很大，如图3-9所示。

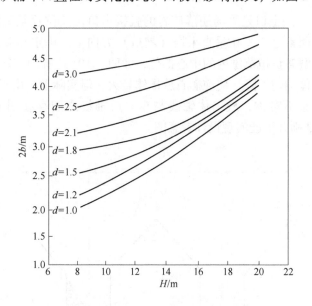

图3-9 放出体短轴与放矿口直径关系

图3-9以纵轴表示放出体短轴（$2b$），横轴表示放出矿层高度 H，曲线表示各种不同的放矿口直径 d 的条件下短轴 $2b$ 与 H 的变化关系。图3-9清楚地表明，在任何一种放矿层高度下，随着 d 的增加，短轴 $2b$ 也增加，特别在放矿层高度不大的情况下，$2b$ 增长更明显。众所周知，放出体短轴的增加，意味着放出体肥大和贫化前放出的纯矿量增加。这主要是由于较大的放矿口直径能改善矿石的流动条件，减少漏口阻塞。

在金属矿中大部分崩落采矿法是采用中深孔或深孔崩矿，块度一般较大，且不均匀，所以漏斗口直径主要取决于块度大小及不合格大块含量。它的尺寸往往通过实验确定。下面介绍几种经验计算法。

（1）漏口直径 d 大于最大允许块度 d_z 的三倍，即：

$$d \geqslant 3d_z \tag{3-8}$$

式中　d——漏口直径，m；

　　　d_z——最大允许块度，m。

（2）漏口直径 d 由不合格大块（即超过矿山设计所规定的最大允许块度）及其含量确定，即：

$$d = 5d_z + 0.5u_{pz}(d_{pz} - d_z) \tag{3-9}$$

式中　d_z——最大允许块度，m；

d_{pz}——不合格块的平均尺寸，m；

u_{pz}——不合格块的含量，%。

（3）漏口直径 d 由最大允许块度的宽度决定，即：

$$d \geqslant 4.2b_z \qquad (3\text{-}10)$$

式中　b_z——最大允许块度的宽，m。

3.2.2　斗井口位置的确定原则及改进

漏斗颈（斗井）的上口是采场崩落矿岩的直接出口，其位置是决定采场崩落矿岩流动空间条件的重要因素之一。在垂直采场（耙道）方向上，确定斗井口位置的传统方法是将斗井口设置在漏斗负担范围内的中心部位，如图 3-10(a) 所示。其意图是使漏斗负担范围内崩落矿石散体均匀下降，使纯矿石放出体最大。但实际上，由于耙道出矿结构造成的散体出口速度分布不对称，放出体轴线与斗井口轴线之间存在明显距离（简称偏心距），故这种设计准则并不能实现设计者意图。

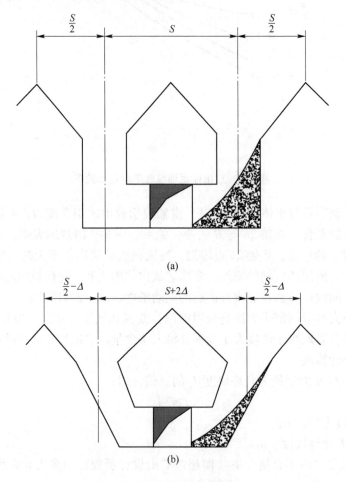

图 3-10　斗井口位置示意图

（a）传统位置；（b）推荐位置

为使漏斗负担范围内矿石均匀下降和被均匀放出,应使斗井口中心线偏移漏斗负担范围中心线一段距离,偏距大小应与崩落矿岩流轴偏心距相适应,即使放出体最高点位于漏斗负担范围中心线上。据此,推荐图3-10(b)所示的斗井口布置方式,将斗井口向外推移 Δ 距离 (Δ 与 x_j 相当)。这种布置方式不仅适应崩落矿岩运动规律,而且可使电耙道具有较好的稳固性。Δ 值大小可按漏斗负担范围中心线两侧流出散体量相等来近似确定,在实用范围内,一般可取 $\Delta = 0.4 \sim 0.6$ m。

以放矿结束时放出体的最高点与漏斗负担范围中心线重合来确定斗井口位置的准则,适合于各种有底柱崩落法斗井口设计,特别适合于急倾斜中厚矿体有底柱崩落法沿走向布置采场的底部结构设计。

以下是实验验证。取耙道间距 14 m,斗井高(从耙道底板算起)4 m,斗井宽 2 m,用 1:50 相似比平面模型,进行三条耙道均匀放矿时矿岩接触面移动过程实验。以磁铁石英岩为矿石,白云岩为废石,装填料粒径 $d = 0.2 \sim 0.5$ cm。两种斗井口放矿实验结果如图3-11 所示。

按传统方法布置斗井口时,40 m 高矿岩接触面下降到 20 m 高处即已出现明显的凹凸不平;废石到达斗井口时,耙道与耙道之间残留矿石的剖面面积是耙道正上方矿石脊部残留面积的 6.71 倍;平均每条耙道残留矿石 120.4 m^2。采用推荐方法布置斗井口,取 $\Delta = 0.51$ m。40 m 高矿岩界面下降到 11.2 m 处才出现凹凸不平,且废石到达斗井口时的矿石残留体形态匀称,平均每条耙道残留矿石的剖面面积仅为 92.83 m^2,比传统方法减小了 27.6 m^2。虽然实际生产中按截止品位控制放矿,前者较大的残留体还可放出一部分,但

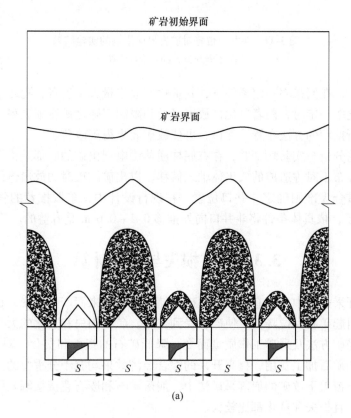

(a)

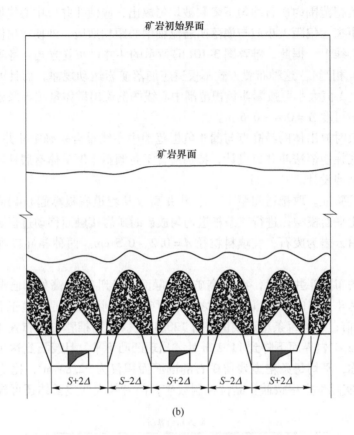

（b）

图 3-11　斗井口位置对矿岩界面影响的实验结果

（a）传统位置；（b）推荐位置

需混着废石放出，在回采率一定条件下，其贫化矿放出量大于后者，随之贫化率必然大于后者；当总贫化率一定时，前者贫化矿放出量受到限制，随之矿石损失率将大于后者。由此可见，采取所推荐的方法布置斗井口，可使放矿效果得到改善。

　　总之，理论分析与实验均证明，在有底柱崩落法电耙出矿的底部结构设计中，应考虑散体出口速度分布不对称造成的放出体轴线偏移，以出矿结束时的放出体最高点与漏斗负担范围中心线重合为准则确定斗井口位置。在现行设计中，采取推荐的斜斗井形式，如图 3-10（b）所示，依具体条件将斗井口向外推移 0.4 ~ 0.6 m 是有益的。

3.3　放矿损失与贫化计算

　　金属矿床开采过程中，会有部分工业矿石储量采不出来而产生损失，在采掘过程中又会有废石混入引起矿石品位降低，使矿石受到贫化。矿石损失和贫化的大小随着开采技术条件、使用的采矿方法及采矿工作质量而变。降低矿石的损失和贫化，对回收矿产资源、降低采矿成本和矿石加工费用、提高开采的综合经济效果均有十分重要的意义。

　　在崩落围岩覆盖下放矿的崩落采矿法中，崩落矿石和废石直接接触是引起矿石损失贫化的主要原因，且损失和贫化都比较大。

本部分介绍采场内放矿时产生的矿石贫化和损失问题，在这种条件下发生的矿石贫化和损失过程有如下特点：增加放出矿石量，可使矿石损失减少，但贫化随之增高；而减少放出矿量，可使矿石贫化降低，出矿品位增高，但矿石损失随之增加，两者互为因果。本部分应用前述的放矿理论，以纯矿回收率最大为基本出发点，研究矿石贫化和损失的主要概念，分析矿石贫化损失发生的过程和影响因素，以及阐述简单的预计方法。

（1）矿石混入过程。放出体如收受体，凡是进入其中的矿岩都已被放出。可以用放出体增大过程中进入的岩石量分析岩石混入（矿石贫化）过程。

矿石放出过程中岩石混入情况取决于矿岩接触条件。设矿岩界面为一顶面水平面，如图 3-12 所示，当放出体高度小于矿石层高度时放出的为纯矿石，放出纯矿石的最大数量等于高度为矿石层高度的放出体的体积；放出体高度大于矿石层高度时有岩石混入，混入岩石数量等于进入放出体中的岩石体积（椭球冠）。

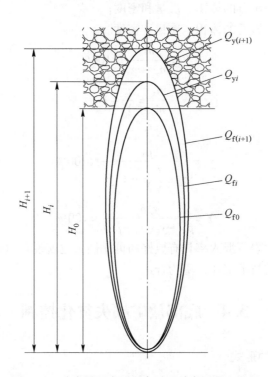

图 3-12 矿岩界面为顶面水平面时岩石混入过程

岩石椭球冠体积与整个放出体的体积的比率（%）等于体积岩石混入率。当放出体 Q_{fi} 再继续放出增大到 $Q_{f(i+1)}$ 时，此段时间放出量 $\Delta Q_f = Q_{f(i+1)} - Q_{fi}$，若使之等于一个当次放出矿量，其中岩石量为 $\Delta Q_y = Q_{y(i+1)} - Q_{yi}$，岩石所占比率 $y_{qd} = \dfrac{\Delta Q_y}{\Delta Q_f} \times 100\%$，称为当次体积岩石混入率，若当次放出矿量很小时，可称为瞬时体积岩石混入率 y_{qd}。

（2）体积岩石混入率与质量岩石混入率。自采场放出矿量与其中混入岩石量的比率：体积比率称为体积岩石混入率，质量比率称为质量岩石混入率，简称为岩石混入率。

体积岩石混入率：
$$y_q = \frac{Q_y}{Q_f} \times 100\% \tag{3-11}$$

岩石混入率：
$$Y = \frac{m_y}{m_f} \times 100\% \tag{3-12}$$

式中　Q_f——放出矿石体积，m^3；

　　　Q_y——Q_f 中混入的岩石体积，m^3；

　　　m_f——放出矿石（毛矿）质量，t；

　　　m_y——m_f 中混入的岩石质量，t。

体积岩石混入率与岩石混入率关系：

$$y_q = \frac{Q_y}{Q_K + Q_y} = \frac{\dfrac{m_y}{\rho_y}}{\dfrac{m_y}{\rho_y} + \dfrac{m_K}{\rho_K}} = \frac{1}{1 + \dfrac{m_K}{m_y} \times \dfrac{\rho_y}{\rho_K}} \times 100\% \tag{3-13}$$

式中　Q_K，m_K，ρ_K——矿石的体积、质量和密度；

　　　Q_y，m_y，ρ_y——岩石的体积、质量和密度。

$$Y = \frac{m_y}{m_y + m_K} \times 100\%$$

$$\frac{m_K}{m_y} = \frac{1}{Y} - 1$$

得：

$$y_q = \frac{\rho_K}{\rho_K + \left(\dfrac{1}{Y} - 1\right)\rho_y} \times 100\%$$

$$Y = \frac{y_q \rho_y}{\rho_K - y_q(\rho_K - \rho_y)} \times 100\% \tag{3-14}$$

体积岩石混入率比岩石混入率具有更好的可比性，也就说若以体积岩石混入率代替岩石混入率分析评价采矿技术工作，更为合适。

3.4　底部放矿损失贫化控制

3.4.1　矿石损失贫化的形式

如图 3-13 所示，在有底柱崩落法放矿中，矿石损失形式有两种：一种为脊部残留，另一种为下盘残留。根据矿体倾角（α）、厚度（B）与矿石层高度（H）等的不同，脊部残留的一部分或大部分在下分段（或阶段）有再次回收的机会，当放出的空间条件（α、B、H）好时可有多次回收机会。下盘残留是永久损失，一般情况下没有再次回收的可能。同时未被放出的脊部残留进入下盘损失区后，最终也将转变为下盘损失形式而损失于地下。由此看来，下盘损失堪称矿石损失的基本形式，所以，减少矿井损失主要是减少下盘损失。

当矿体倾角很陡（>75°）时，没有下盘损失。此时矿石损失是以矿岩混杂层形式损失掉的。上部残留矿石随放矿下移，在下移过程中与岩石混杂，形成矿岩混杂层，覆盖于新崩落的矿石层之上，矿岩混杂层在放出过程中不断加厚。

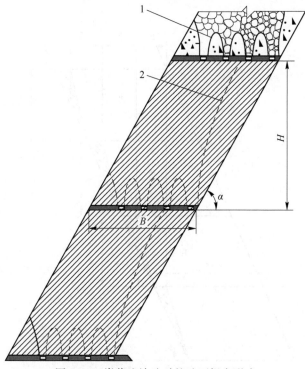

图 3-13　崩落法放矿时的矿石损失形式
1—脊部残留；2—下盘残留（损失）

如图 3-14 所示，第 I 分段 b_0 段内脊部残留，进入第 II 分段下盘损失区，故在下面第 II 分段不能回收；b_1 段内脊部残留于第 II 分段还有一次回收机会；b_2 段内脊部残留于第 II 分段与第 III 分段有两次回收机会；b_3 段内脊部残留还有三次回收机会，了解这种情况对放矿管理很有好处。脊部残留在下移过程中有一部分与岩石混杂形成矿岩混杂层，覆盖于崩落分段之上。与覆盖纯岩石比较，可以允许增大混入量，从而也将有利于提高矿石回采率。

崩落采矿法放矿主要特征之一是矿石在覆盖岩层下放出。在放矿过程中，由于矿岩直接接触，不能避免地在矿岩界面处产生矿岩混杂，所以，在放出一定数量的纯矿石之后，将放出贫化矿石，即有部分岩石混入矿石中被放出，产生矿石贫化。岩石混入（矿石贫化）量主要取决于矿岩混杂和放出的条件，如矿岩接触面积、贫化产生次数和放矿截止岩石混入率等。

3.4.2　贫化前下盘矿石残留数量估算方法

贫化后的下盘损失量除用随机模拟放矿实验获取之外，在椭球体理论中，由于倾斜壁条件下放矿运动规律问题尚未圆满解决，还不能给出完整的计算方法和数值模拟方法。贫化前下盘残留体形状和数量可用下面方法估算，下盘残留可分为两种情况，如图 3-15 所示。

（1）当 $H/B \leqslant \tan\alpha$（见图 3-15（a））时，下盘残留矿石量 Q_{x1} 为：

$$Q_{x1} = \frac{HL_y}{2}\left(\frac{H}{\tan\alpha} + 2r\right) - \frac{Q_f}{2} \tag{3-15}$$

式中　L_y——沿走向方向的漏孔间距，m；

Q_f——放出矿量（椭球体），t；

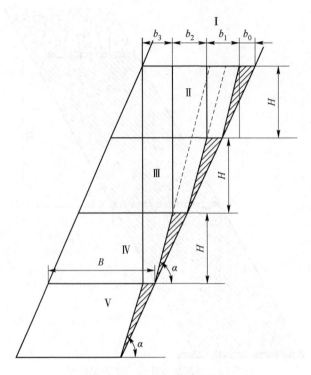

图 3-14　矿石损失分析示例

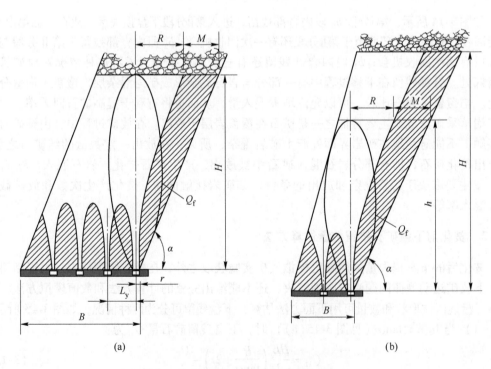

图 3-15　贫化前下盘残留数量估算方法

(a) $H/B \leqslant \tan\alpha$；(b) $H/B > \tan\alpha$

其他符号意义如图 3-15(a)所示。

（2）当 $H/B > \tan\alpha$（见图 3-15(b)）时，下盘残留矿石量 Q_{x2} 为：

$$Q_{x2} = Q'_{x1} + (H-h)(B-R)L \tag{3-16}$$

式中　　Q'_{x1}——高度为 h 范围内的矿石残留量，计算方法同 Q_{x1}；

　　　　R——对应高度 h 的放出（降落）漏斗半径，R 值可用放出漏斗方程计算。

由上面计算式可知，在放矿漏斗紧贴下盘布置的情况下，贫化前下盘残留量主要取决于矿石移动的空间条件，即矿体下盘倾角 α、矿体厚度 B 和崩落矿石层高度 H 等。图 3-16 所示的关系曲线是根据模型实验所得数据绘成的。

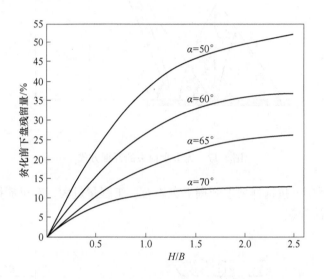

图 3-16　贫化前下盘残留（α、B、H）的关系

3.4.3　下盘切岩采准方法

在倾角不足的情况下，为了减少下盘矿石损失，主要技术思路是扩大放矿的移动范围、减少下盘矿石残留（包含死带）。为此，采用的技术措施有二：一是减少放出矿石层高度，如降低分段高度与开掘下盘漏斗等；二是增大下盘倾角，如开掘下盘岩石，以及在矿石价值不高的情况下在分段（或阶段）上部留三角形矿柱等。

如图 3-17 所示，设放出漏斗边壁角为 α_L，此时 $R = h/\tan\alpha_L$，$B = h/\tan\alpha$，α 为下盘倾角。可以将 R 与 B 的关系转化成 α_L 与 α 的关系，当 $R < B$ 时，必定是 $\alpha < \alpha_L$，故也可依 α_L 与 α 关系判定有无下盘损失及损失数量大小。当 $R < B$ 或 $\alpha < \alpha_L$ 时有下盘损失；当 $R \geqslant B$ 或 $\alpha \geqslant \alpha_L$，无下盘损失。可以将上面关系作为选择开掘下盘岩石方式的理论依据。情况如图 3-17 所示，当不开掘下盘岩石时，其下盘损失轮廓如图中虚线所示，损失量很大，当将下盘岩石 abc 部分开掘后，此时 $R = B$，若截止品位允许，放矿时可以放到没有（或很少）下盘损失。

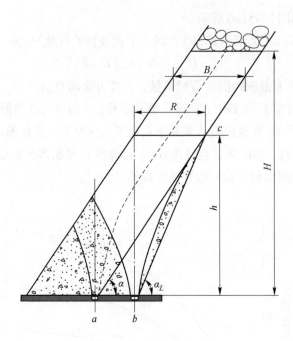

图 3-17　无下盘损失的开掘方式

但在生产实际中，按这样要求开掘下盘岩石，工程量过大，有可能得不偿失，故可按照图 3-18 所示方法开掘。

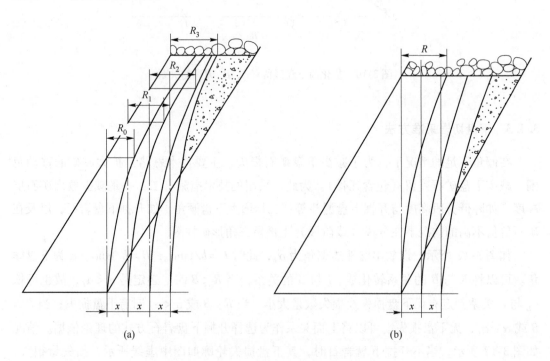

图 3-18　常用的下盘岩石开掘方式
(a) 倾斜薄矿体；(b) 倾斜厚矿体

　　紧靠下盘漏斗的中心线尽量移向下盘，以至于将整个漏斗布置在岩石中，开掘一部分岩石，在经济上也是合适的。由图 3-18 可知，随着放出漏孔移向下盘，可以多回收矿石，但开掘工程量随之增大，并且单位工程量多回收的矿石量逐渐减少，因此要结合具体条件确定出经济上合理的开掘界限。

3.4.4　下盘岩体中出矿漏斗布置方式

　　如图 3-19 所示，当下盘倾角 $\alpha \leqslant 45°$ 时，采用密集式下盘漏斗；$\alpha = 45° \sim 65°$（或再大些）时采用间隔式下盘漏斗。间隔式布置中的漏斗列数要根据矿石回收数量与下盘漏斗工程量的技术经济计算结果确定。

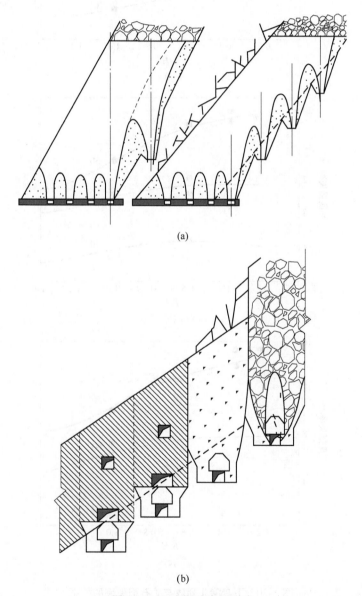

(a)

(b)

图 3-19　下盘漏斗布置形式

（a）间隔式布置；（b）密集式布置

下盘漏斗列数与矿石损失率的关系（模型实验）如图 3-20 所示。

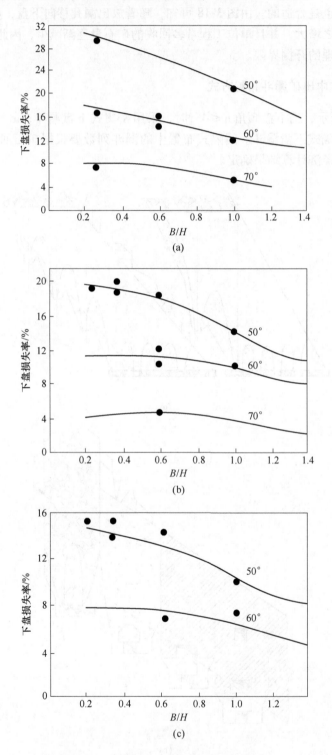

图 3-20 下盘漏斗列数与矿石损失率的关系

（a）一列下盘漏斗布置；（b）二列下盘漏斗布置；（c）三列下盘漏斗布置

在某种具体情况下开掘间隔式下盘漏斗时，将出现一个最佳位置问题。可以用矿石回采率最大为最佳位置的标准，当设置一列下盘漏斗时，可用图 3-21 确定。首先画出下盘残留范围 1；再画出下盘漏斗放矿后残留边界（放出漏斗边界）2。将后者置于前者之上，沿下盘边界上下移动后者，使进入后者放出漏斗范围内的残留面积最大，即符合下盘残留的矿石回采率最大的要求，或者在后者放出漏斗边界以外的下盘残留面积最小。

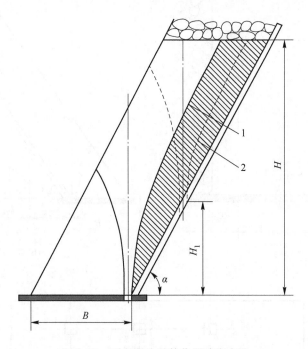

图 3-21　下盘漏斗最佳位置确定方法

由图 3-21 可以看出，在底柱漏斗紧靠下盘布置的情况下，影响下盘矿石损失的主要参数有 α、B、H 和 H_1。为了寻求 α、B、H 和 H_1 之间关系，以及求得下盘漏斗的最佳位置（H_1），进行了模型实验。模型结构与放矿顺序等如图 3-22 所示。模型实验是按二次回归正交实验设计进行的。各影响因素变化范围：矿体倾角 α 为 $45° \sim 65°$；矿体水平厚度 B 为 $15 \sim 25$ m；阶段高度 H 为 $30 \sim 50$ m；下盘漏斗高度为 $7 \sim 21$ m。

根据实验方案和放出结果，计算每个实验方案的各项指标：

$$矿石回采率(H_\mathrm{K}) = \frac{放出矿石量}{装入的矿石量} \times 100\%$$

$$矿石贫化率(P) = \frac{C - C_\mathrm{y}}{C} \times Y \tag{3-17}$$

式中　C——工业矿石品位，%；

　　　C_y——岩石品位，%；

　　　Y——岩石混入率，%。

3.4.5　降低矿石贫化的技术措施

降低矿石贫化（岩石混入）的主要技术思路是：减少放矿过程中的矿岩混杂。矿岩

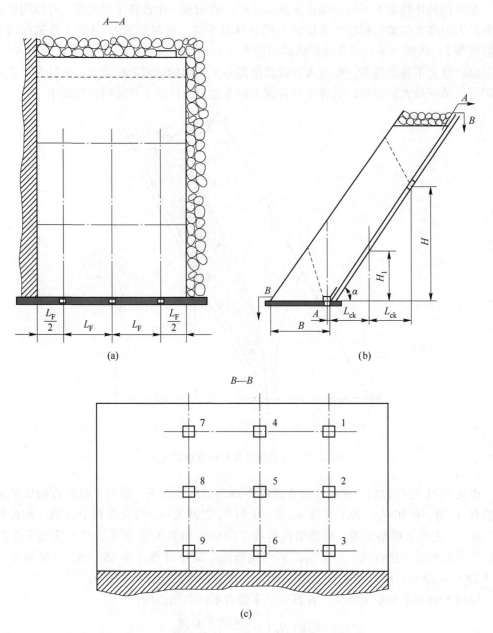

图 3-22　放矿实验模型结构

（a）A—A 截面图；（b）模型正视图；（c）B—B 截面图

混杂情况取决于崩落矿岩移动空间条件、矿岩接触面积及贫化产生次数等。

（1）在有下盘损失情况下，减小放出层高度可以扩大移动范围，减少矿石损失，但由于产生贫化次数增大，随之矿石贫化（岩石混入）将有所增大。而在矿体倾角很陡（无下盘损失或损失量很小）的情况下，可以增大放出矿石层高度，从而减少产生贫化次数，降低矿石贫化。因此，在具体情况中，应综合权衡对矿石损失贫化的影响，确定出最佳的矿石层高度。

（2）尽管增大矿石层高度，可减少产生贫化次数，但底柱漏孔一直放矿到截止品位才停止放出，此时仍然产生贫化。也就是说，增大了分段（或阶段）高度之后，在每个分段（或阶段）放矿后期还会产生贫化，有大量岩石混入之后才会停止放矿。

为了降低矿石贫化，有研究者提出矿石隔离层下放矿。如图 3-23 所示，当分段（或阶段）放矿到顶部矿岩界面出现凸凹不平时便停止放出，留下的矿石层作为矿石隔离层将上面岩石与下面分段（或阶段）崩落的矿石隔离开来，也即下分段在矿石隔离层下放矿。矿石隔离层随下分段（或阶段）放矿下移一直下移到漏孔水平，结束下分段放矿。这样，下分段放出的为纯矿石，不会产生矿石贫化。

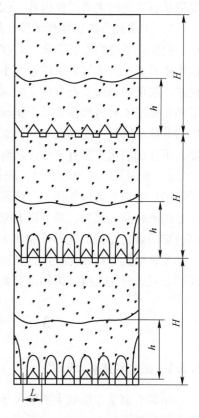

矿石隔离层下放矿需要采用均匀放矿，使矿石界面呈平面下降。矿石隔离层的厚度(h)取决于放出漏孔间距(L)，可取 $3L \sim 4L$。这种方法未能坚持使用，原因主要包括：一是放矿管理要求过高，控制放矿工作复杂，难于实施；二是隔离层矿石长期在采场中存放，积压矿石占用流动资金。

（3）受矿石隔离层下放矿启示之下，提出低贫化放矿概念。低贫化放矿也是一种新的放矿方式，它的特点是：当漏孔见到岩石（开始贫化）时便停止放出，为了判断矿岩界面是否正常到达，可以允许放出少量岩石后再停止放矿。这样不使每个漏孔放出大量岩石，尽管矿岩界面在一定高度范围内仍然存在峰谷参差现象，但矿岩界面未产生较大破裂以及从破裂处放出大量岩石，矿岩界面基本上是完整的。据无底柱分段崩落法低

图 3-23　矿石隔离层下放矿

贫化放矿实验得出的结论是，与现用的以截止品位控制的放矿方式比较，在矿石回采率基本相同的情况下，矿石贫化率有大幅度地下降，可下降 4% ~ 6%。低贫化放矿的放矿管理工作是最为简单的，在矿岩容易区分的情况下，可用目测控制放矿，基本上解决了矿石隔离层下放矿存在的问题。

（4）上面两种新的放矿方式设想的共同点是，不使放矿漏斗放出岩石，以此控制岩石混入。这种技术思路是对的，但在某些具体条件下，需要结合实际灵活运用，达到降低矿石贫化的目的。例如应用有底柱崩落法开采厚矿体，并存在下盘矿石损失时，对进入下分段（或阶段）下盘残留区内的下盘侧漏孔，必须采用现行的截止品位控制放矿，以此减少本分段和下分段的下盘损失。矿块中间的和上盘侧的漏孔，即漏孔同脊部残留在下面，有多次回收机会的漏孔，它们停止放矿时的品位可以高于规定的截止品位，以至于采用低贫化放矿，多留下的矿石在下面分段可充分回收。这样，在保证矿石回采率不降低的条件下，可使岩石混入量有所减少。

基于上述道理，可以增大上盘侧漏斗负担面积，甚至在上盘侧留一三角矿柱，不开掘漏斗，留下的矿量与下分段一同回采。上盘侧开掘的漏斗，也要控制它的放出矿石量，与

采场中间和下盘侧漏孔不能等量放出。若上盘侧漏斗放出矿量过大时，将使覆岩沿上盘下移，增大矿岩接触面积，增大岩石混入量。

（5）由上述可知，在采场结构参数已定的情况下，加强放矿管理，改进放矿工作是降低矿石贫化的主要工作内容，改进放矿工作的主要技术原则有二项。

1）力求减少矿岩接触面积，减少矿岩混杂。例如在矿石层高度较大时，采用均匀放矿，使矿岩界面成平面下降，若在垂直走向方向上布置多个漏斗时，可调节控制各漏斗的放出矿石量，使矿岩界面成垂直上下盘面的倾斜平面下移，此时矿岩接触面积最小，这样放矿不仅可以降低矿石贫化，同时也有利于矿石的回收。又如存在侧面岩石接触面时，为了防止采场矿石与侧面岩石产生较大混杂，以此增大纯矿石放出量，可使紧靠岩石接触面的漏斗放矿滞后一定的高度。再如底柱漏斗与下盘漏斗同时存在的情况下，放矿顺序很重要，可能的放出方案有多种。从降低矿石损失贫化考虑，应以矿岩接触面积最小者为佳。

2）控制漏斗放出岩石量，施行不同的截止放矿条件。目前的放矿方式是，不分漏斗所在的采场空间条件如何，一律采用同一截止品位，这是不合适的。除了下盘漏斗与紧靠下盘的底柱漏斗之外，对下面有充分回收可能范围之内的漏斗，可以控制放出岩石量，提高放矿的截止品位，这样可能使矿石贫化率有较大的降低。

实施降低矿石贫化技术措施时，必须注意到对矿石损失可能引起的影响，也即综合分析矿石损失贫化之后，再作出有关技术决策。

3.5　有底柱崩落法放矿管理

3.5.1　出矿巷道基本形式

出矿巷道基本形式主要取决于矿体倾角、厚度与崩落矿石高度等条件，按出矿巷道所在空间位置可分为下列 4 种形式。

形式Ⅰ：普通底柱漏斗，出矿巷道布置在采场底部，当 $\alpha > 65°$ 时采用这种布置形式。

形式Ⅱ：底柱漏斗与下盘漏斗联合使用，即除了底柱漏斗之外，再于下盘开掘下盘漏斗，当 $45° < \alpha < 65°$，且矿体厚度较大时使用。一般采用间隔式下盘漏斗，当 α 为 $45° \sim 50°$ 时也可采用密集式下盘漏斗。

形式Ⅲ：间隔式下盘漏斗（菱形分间），当矿体厚度不大（< 10 m），垂直走向方向上采用菱形分间回采，此时只设下盘漏斗，在矿体中不设漏斗。

形式Ⅳ：密集（连续）式下盘漏斗，当 $\alpha \leqslant 45°$ 时仅用下盘漏斗出矿，在下盘面上布置密集式漏斗。当 $20° < \alpha < 45°$ 时沿着矿体走向方向布置耙道，而当 $\alpha < 20°$ 时可沿倾斜方向布置耙道。

3.5.2　放矿方式

根据放矿过程中矿岩界面的空间状态和适用条件，可将放矿方式大致分为平面放矿、斜面放矿、立面放矿 3 种基本形式。

3.5.2.1　平面放矿（均匀放矿）

放矿过程中使矿岩界面保持近似水平面下降。若是原矿石堆体的矿岩界面不成水平面时，例如存在高峰，此时应当首先采用"削高峰"放出，待成水平面后再均匀放出，保持水平面下降。平面下降过程如图 3-24 所示。

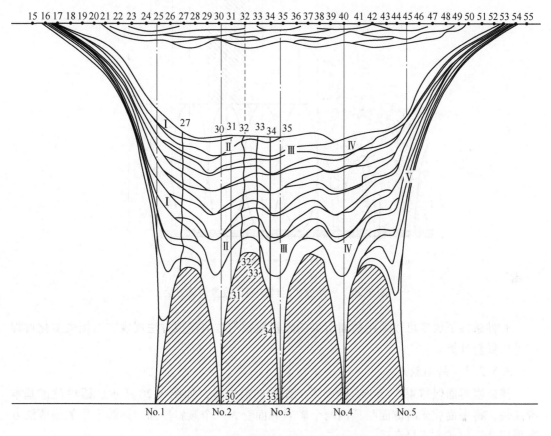

图 3-24 均匀放矿时接触面的移动情况

有底柱崩落法放矿时，降低矿石损失的基本要求之一是减少矿岩接触面积，平面放矿最符合这个要求。因此在任何情况下都尽可能地按这种要求选择放矿方式和实施放矿管理。

在垂直壁条件下进行平面放矿时，贫化前的纯矿石回收量可按图 3-25 估算。

一个漏孔纯矿石回收量 Q_0 等于平面下降的矿石柱 Q_{01} 加上放出量（椭球体）Q_{02}，即：

$$Q_0 = Q_{01} + Q_{02} = (H - H_2)L^2 + \frac{\pi}{6}H_2L^2 \qquad (3\text{-}18)$$

式中　L——漏孔间距，m；

H_2——相邻漏孔放出体（相似椭球）相切高度，m，$H_2 = \dfrac{L}{\sqrt{1 - \varepsilon^2}}$；

ε——放出体偏心率；

H——矿石层高度，m。

纯矿石回收率：

$$H_{k0} = \frac{(H - H_2)L^2 + \frac{\pi}{6}H_2L^2}{HL^2} = 1 - 0.48\frac{H_2}{H} \qquad (3\text{-}19)$$

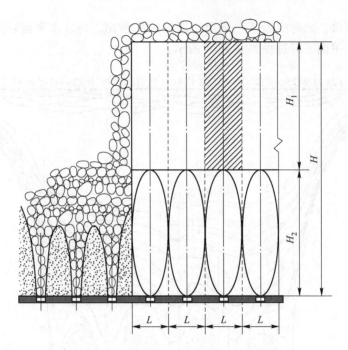

图 3-25   平面放矿时纯矿石回收量估算方法

此种条件下放矿可以采用前面所讲的随机模拟与数值模拟方法展现矿石损失贫化过程和进行数量计算。

3.5.2.2   斜面放矿

使矿岩界面保持 40°~50°，随回采工作面向前推进，如图 3-26 所示。该种放矿基本特征是，将平面放矿时侧面与顶面两个矿岩界面变为一个倾斜界面。连续回采的崩落法方案采用这种放矿方式最合适。

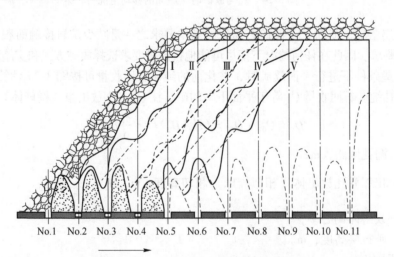

图 3-26   斜面放矿时矿岩界面的推进

各漏孔采用不等量放矿造成斜面之后，要使矿岩界面保持固定的倾角向前推进，故需要在每轮放矿中使每个漏孔上方矿岩界面下降相同高度。

3.5.2.3 立面放矿

这种放矿方式即一般所谓的"依次全量放矿"，依次进行放矿，每个漏孔一直放到截止品位为止。由图 3-27 可知，每个漏孔放出之后，会形成角度很大的矿岩界面，并以这种方式依次向前推进。这种放矿方式在放矿过程中除靠边壁首先放出的漏孔外，其余各漏孔都是相当于在 2～3 个矿岩界面条件下放出的。同其他放矿方式比较，这种放矿方式的矿岩接触面积最大，因此它的矿石损失贫化也最大。

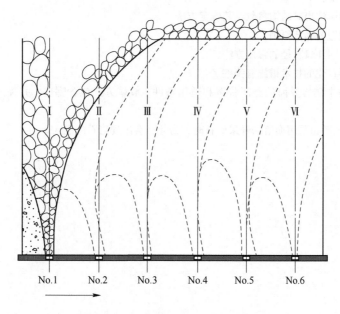

图 3-27　立面放矿时矿岩界面移动

漏孔的脊部残留如图 3-27 所示，由于依次放出原因，脊部残留均向前一放出漏孔偏斜，残留高度也大。这种放矿方式只能在矿石层高度不大（一般小于 15 m）情况下使用，或者用于平面放矿的后期。

由上面出矿巷道形式与放矿方式的讲述中可知，它们与矿体倾角 α、矿体厚度 B、矿石层高度 H 都有密切关系。

 课程思政

放矿领域专家学者介绍

王泳嘉，男，东北大学教授。建立了随机介质放矿理论，提出了散体移动的球体递补模型，基于两相邻球体递补其下部空位的等可能性建立了球体移动概率场，并根据中心极限定理，将球体介质连续化处理后，巧妙地引入散体统计常数，继而建立了散体介质移动概率密度方程、散体移动速度与迹线方程、放出漏斗方程和放出体方程等，形成了较为完整的计算体系，合理地解决了崩落矿岩的移动问题。

习题与思考题

3-1 简述相邻漏斗放矿时的矿岩运动基本规律。

3-2 简述相邻漏斗之间的相互关系。

3-3 简述极限高度、贫化开始高度以及矿损脊峰高度。

3-4 已知矿山进路间距为 15 m，放出体偏心率为 0.92，则极限高度、贫化开始高度和漏斗间矿损脊峰高度依次是多少？

3-5 简述有底柱崩落法出矿结构参数及其确定方法。

3-6 简述斗井口位置的确定原则。

3-7 简述确定放矿漏斗口直径的常用方法。

3-8 论述降低矿石贫化的技术措施有哪些。

3-9 根据放矿过程中矿岩界面的空间状态和适用条件，放矿方式包含哪些？并简述每种放矿方式的特点。

3-10 解释说明地下矿山采用崩落法开采矿石时，为什么会出现岩石的混入。

4 端部放矿时崩落矿岩运动规律

端部放矿是崩落采矿法另一种出矿方式，崩落矿石在覆盖岩层作用下，借助重力和铲装扰动力，由回采巷道端部近似"V"形槽中一个步距接一个步距地放出矿岩散体，这种移动式放矿称为端部放矿。无底柱分段崩落法采用的就是端部放矿方式。与底部固定放矿口不同，端部放出口形成的放出椭球体受到尚待崩落的端壁影响，轴线会发生偏斜，故放出体在纵向方向具有不对称性。且矿石与废石存在多个接触面，更易引起矿石的损失贫化，这也是无底柱分段崩落法损失贫化大的主要原因之一，此类放矿方式更需严格控制放矿管理。

4.1 端壁对放出体形状的影响

端部放矿时，松散矿石的流动规律仍然符合椭球体放矿理论。但是，由于端壁的阻碍，放出体发育不完全，是一个纵向不对称、横向对称的椭球体，如图4-1所示。

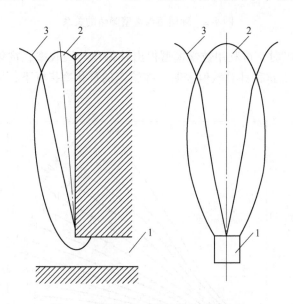

图4-1 端部放矿时椭球体的发育情况

1—回采巷道；2—最大放出椭球体；3—放矿漏斗轮廓线

端壁面与水平面的夹角称为端壁倾角，如图4-2中φ_d所示。端壁倾角对放出椭球体的发育有着直接的影响：端壁前倾时，放出体积较小；端壁后倾时，放出体积较大；端壁垂直时，放出体积介于两者之间。

放矿过程中，由于矿石沿端壁流动产生摩擦阻力，使得放矿椭球体的中心轴偏离端壁一个角度，称为轴偏角，即图4-2中θ。轴偏角随端壁倾角的变化而变化，且与端壁平面的粗糙程度有关（端壁平坦光滑，偏角小）。端壁倾角为75°、90°、105°时，相应的轴偏角为1°~3°、6°~8°、15°。

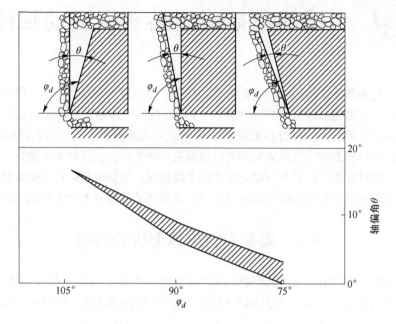

图4-2　轴偏角与端壁倾角的关系

当端壁倾角为90°时，可利用数学模型得出轴偏角与回收率、贫化率之间关系的理论曲线，如图4-3所示。这种计算数值表明，在给定的贫化率指标下，回收率是随轴偏角的增大而降低的。

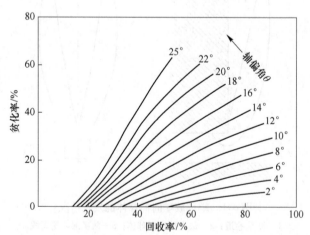

图4-3　轴偏角与贫化率、回收率的关系理论曲线

端部放矿时放出体体积的计算方法有两种。

一种是用于垂直端壁时的近似计算法。它的实质是，假定无底柱分段崩落法的垂直端壁与放矿椭球体的轴线重合，放出体的体积被端壁切去$\dfrac{1}{2}$。根据这一假定，将底部放矿的

放出体体积计算公式：$Q = \dfrac{\pi}{6}h^3(1-\varepsilon^2) + \dfrac{\pi}{2}r^2h \approx 0.523h^3(1-\varepsilon^2) + 1.57r^2h$，做适当的变换，就得出了端部放矿的放出体体积的计算公式：

$$Q_h = \frac{\pi h_f}{16}\left[B_h^2 + \frac{4}{3}h_f^2(1-\varepsilon^2)\right] \tag{4-1}$$

式中　Q_h——端部放矿时的放出体体积，m^3；

　　　h_f——放矿层高度，m；

　　　B_h——回采巷道宽度，m；

　　　ε——放出椭球体的偏心率。

另一种是适合于端壁前倾、后倾以及垂直 3 种放矿条件的计算公式。首先将放出椭球体视为一个球体，导出一个球体方程，然后将球体化为椭球体，如图 4-4 所示，计算公式为：

$$Q_h = \pi abc\left\{\frac{2}{3} + \frac{a\tan\theta}{\sqrt{a^2\tan^2\theta + c^2}}\left[1 - \frac{a^2\tan^2\theta}{3(a^2\tan^2\theta + c^2)}\right]\right\} \tag{4-2}$$

式中　Q_h——端部放矿时的放出体体积，m^3；

　　　a——端部放矿时放出体的长半轴（y 方向），m；

　　　b——端部放矿时放出体的短半轴（z 方向），m；

　　　c——端部放矿时放出体的短半轴（x 方向），m；

　　　θ——轴偏角，（°）。

式（4-1）和式（4-2）在设计和生产中可根据具体情况选用。

椭球体的偏心率 ε 值是表征放出椭球体体形和体积大小的参数。该值难于直接量取，通常是根据放出散体体积反算出偏心率 ε 值。其计算式如下：

$$\varepsilon = \sqrt{\frac{3B_h^2}{4h_f^2} + 1 - \frac{12Q}{\pi h_f^3}} \tag{4-3}$$

式中　Q——放出散体体积，m^3；

其余符号与式（4-1）相同。

放出椭球体缺的长短半轴 a 和 b 也是一个重要参数，可用下式计算：

$$\left.\begin{array}{l} a = \dfrac{B_h^2 + 4h_f^2(1-\varepsilon^2)}{8h_f(1-\varepsilon^2)} \\[3mm] b = \dfrac{B_h^2 + 4h_f^2(1-\varepsilon^2)}{8h_f\sqrt{(1-\varepsilon^2)}} \end{array}\right\} \tag{4-4}$$

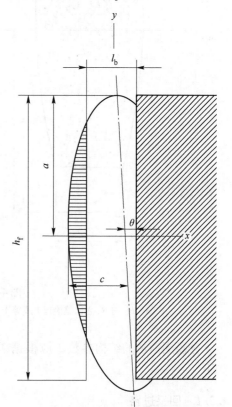

图 4-4　与端壁斜交的放出
椭球体示意图

h_f—放矿层高度；θ—轴偏角；l_b—放矿步距

4.2 采矿方法结构参数的初步确定

位于一定高度的流动带的形状可用上流宽度 B_w 和内流宽度 B_n 之比值来表示。当 B_w 与 B_n 之比值接近于 1 或等于 1 时,如图 4-5(a)所示,矿岩接触面接近于水平下降。当 B_w 与 B_n 之比值小于 1 时,如图 4-5(b)所示,流动带下端变小,流动带轴线部分下降快、贫化早。理想的情况是 B_w 与 B_n 之比值等于 1,因为矿岩接触面近似平行下降,顶部贫化减少。在生产实践中,为了获得理想的流动带形状,必须全断面均匀铲矿。

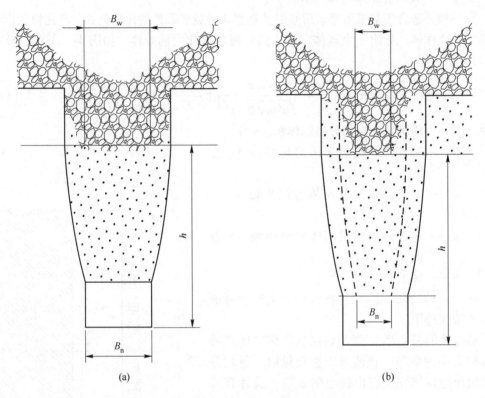

(a)   (b)

图 4-5 流动带示意图
(a) B_w 与 B_n 之比值接近 1 或等于 1 的流动带;(b) B_w 与 B_n 之比值小于 1 的流动带

分段崩落法的结构参数,应根据矿石的流动规律和松散矿石的性质来确定,现分述如下。

4.2.1 回采进路

回采巷道合理位置的选择,取决于流动带的形状及最大限度地回收回采巷道之间矿柱的要求。为此下面用上下分段的回采进路呈菱形布置(见图 4-6(a))和呈垂直布置(见图 4-6(d))两种情况来说明。

菱形和垂直布置的放矿过程如图 4-6 所示。图 4-6(a)和(d)是放矿前的状态,图 4-6(b)和(e)是放矿中期状态,图 4-6(c)和(f)是放矿量相同的情况。图 4-6(f)中的废石到达回采巷道时，图4-6(c)中的废石还离回采巷道有一段相当大的距离。这表明，垂直重合的进路布置矿石贫化快、损失大，故生产中很少采用。菱形布置的回采巷道中的废石出现得晚，纯矿石回收率大、贫化率小、放矿效果好。所以在生产实践中均采用菱形布置。

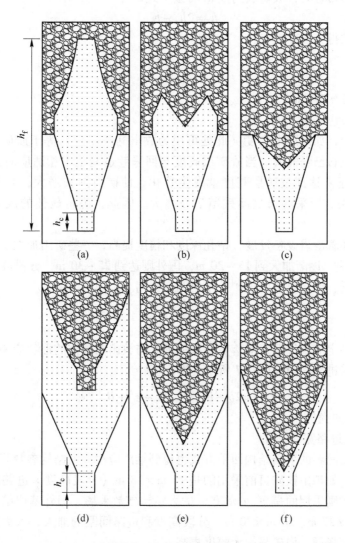

图4-6 回采巷道菱形布置和垂直布置的放矿过程示意图

4.2.2 分段高度

分段高度是影响端部放矿的重要参数，分段高度越大，掘进巷道量越少，采准比也越低；分段高度还受凿岩设备的凿岩能力的限制，因此，分段高度一般要根据凿岩设备的凿岩能力选取。在分段高度较小或分段重合率低时，为了取得良好的放矿效果，分段高度应与放出椭球体短半轴的大小相适应。它们有如下关系：

$$h_f \approx \frac{2b}{\sqrt{1 - \varepsilon^2}} \tag{4-5}$$

式中　h_f——放矿层高度，m；

　　　b——放出体的短半轴，m；

　　　ε——放出体的偏心率。

回采巷道菱形布置时，放矿层高度 h_f 可按下式计算：

$$h_f = 2h_d - h_c \tag{4-6}$$

然后就可以求得分段高度：

$$h_d = \frac{h_f + h_c}{2} \tag{4-7}$$

式中　h_d——分段高度，m；

　　　h_c——回采巷道高，m。

在放矿过程中，如果放出高度（此处可视为放出椭球体高）等于放矿层高度，说明上部已采分段的废石已经混入。当放矿层高度与回采巷道间距不相适应时，放矿层过高将导致放出高度还未达到放矿层高度就发生贫化，使矿石损失增大；当放矿层高度过低时，顶部贫化大，回采巷道之间残留矿石增大。因此，确定最佳的放矿层高度是非常必要的。

近些年来，随着凿岩设备发展，钻孔深度和精度提高，一些矿山加大了分段高度，都由初始的 10 ~ 12 m，逐渐加大到 15 ~ 20 m，国外则达到 25 ~ 30 m，分段高度的增大，使采准比大幅度降低，铲运设备的出矿效率也明显提高。

4.2.3　回采巷道

在分段高度已定的条件下，崩落矿石层的形状与放出椭球体的形状应相符合。根据这一原则确定的回采进路间距如图 4-7 所示，即：

$$l_h = 2b + B_h = h_f \sqrt{1 - \varepsilon^2} + B_h \tag{4-8}$$

式中　l_h——回采进路间距，m；

　　　B_h——回采进路宽度，m。

近些年大进路间距的采场结构回采方式也得到推广应用。大结构参数采场进路间距一般大于分段高度，如梅山铁矿目前采用的是 15 m × 18 m（分段高度 × 进路间距）的采场结构，大红山铁矿则采用的是 20 m × 20 m 的大结构参数采场，国外基律纳铁矿采场结构参数则达到 25 m × 27 m、28 m × 30 m。分段高度和进路间距的加大，大大减少了巷道掘进量，采准比显著降低，崩矿强度大幅度提高。

4.2.4　崩矿步距和放矿步距

在分段高度和回采巷道间距确定以后，另一关键采场回采参数就是崩矿步距或放矿步距。崩矿步距的大小对矿石贫化和损失影响较大，步距过大则正面损失大，过小则正面废石混入较快，贫化增大。合理的崩矿步距应通过室内实验和现场实践来确定。也可以依据最大放出椭球体的参数，先计算出放矿步距的最大值和最小值，使其最大值与放矿椭球体短半轴的长度相等，由此可避免正面废石过早混入造成的正面贫化，否则残留矿堆高，矿石损失大；若使最小值等于放出椭球体的短半轴长度的一半，这样正面损失减少，但贫化率相应加大。因此，实际应用的崩矿步距应介于上述最大值和最小值之间。

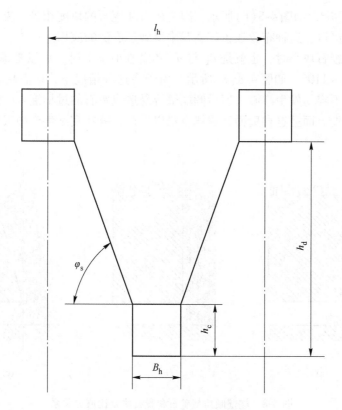

图 4-7　回采进路间距计算参数图

l_h—回采进路间距；h_d—分段高度；φ_s—放矿静止角；h_c—回采巷道高度；B_h—回采巷道宽度

若无底柱分段崩落法的端壁倾角为 90°，最大的放矿步距可用下式计算：

$$l_b \approx \frac{h_f}{2}\sqrt{1-\varepsilon^2} \tag{4-9}$$

运用式（4-9）计算的放矿步距是崩矿步距内整体矿石经过爆破后的碎胀值。也就是说，崩矿步距内的整体矿石在碎胀后的厚度应小于式（4-9）的计算结果，根据经验，一般少 20%。

4.2.5　端壁倾角

前面已经指出，端壁倾角对放矿有影响。端壁倾角的大小取决于矿石块度与废石块度的比值。

当矿石块度 d_k 比废石块度 d_y 大时，也就是它们的比值大于 1 时，应采用前倾端壁，如图 4-8(a)所示。在这种条件下，只有一部分矿石（见图 4-8(a)中 MN 线左边的矿石）的间隙易被细块的崩落废石所混入；另一部分崩落矿石（见图 4-8(a)中 MN 线右边的矿石）处于前倾端壁面的遮盖下，从而阻挡了块度较小的废石向崩落矿石的间隙中渗漏，有利于减少矿石的贫化，提高纯矿石的回收率。大量实验表明，带有一定前倾角度，可降低矿石的贫化率，也有利于装药器装药和眉线保护。

当矿石块和废石块大小相同时，也就是 d_k 与 d_y 之比值等于 1 时，可采用垂直端壁，即端壁倾角等于90°，如图4-8（b）所示。因为矿石和废石的块度相等，流动速度相同，相互渗漏的现象不严重。这种布置在生产实践中得到了广泛的应用。

当矿石块比废石块小时，也就是 d_k 与 d_y 之比值小于1时，可以考虑采用后倾端壁，端壁倾角为105°~110°，如图4-8（c）所示。由于在这种情况下，矿石块小于废石块，放矿过程中，废石不容易发生渗漏。但后倾端壁容易造成废石的过早混入，使大量矿石被隔断，形成矿石损失。而且这种壁面其眉线也难以保存，故在实际生产中很少采用。

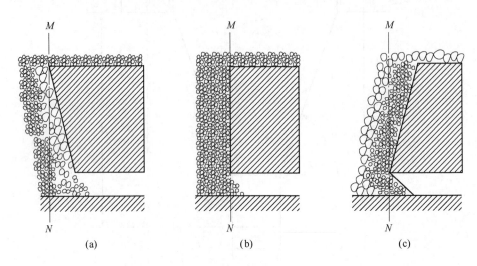

图4-8　端壁倾角与矿石和废石块度比值的关系

（a）矿石块度大于废石块度；（b）矿石块度等于废石块度；（c）矿石块度小于废石块度

4.2.6　回采进路断面的形状及规格

回采进路的断面一般有拱形和矩形两种。在拱形断面的宽回采进路中，如果矿石是粉矿，崩落矿石在其底板上堆积成"舌状"，如图4-9（a）所示。"舌尖"妨碍在回采巷道全宽上均匀装矿，因而在这种条件下，应先装"舌尖"两侧的矿石，后装"舌尖"部分的矿石。

在矩形巷道中，松散矿石的铺落面与底板的接触线是一直线，如图4-9（b）所示，适合于全断面均匀装矿。这种装矿方式可以减少矿石的损失和贫化。

为了降低放矿过程中的堵塞频率，必须增加放矿口的有效高度 h_x，如图4-10所示。由图4-10可知，放矿口的有效高度是倾角不相同的两个平面之间的距离；一个平面的倾角是崩落矿石的自然安息角 φ_z；另一个平面的倾角是崩落矿石被压实后的静止角 φ_k。这个静止角比自然安息角大，这是崩落矿石受到冲击后压实的结果。因此，决定进路高度时，要考虑放矿口有效高度 h_x 与上述两个平面之间的相互关系。一般进路高度不宜过高，过高将导致矿堆增厚，加大矿石正面损失。

回采巷道的宽度是一个非常重要的参数，它直接影响松散矿石的流动。如果回采巷道的宽度大，放出体就比较发育，有利于矿石流动和回收，但影响巷道的稳固性；反之，回采巷道的宽度过小，则矿石流动性变差，放出体变瘦。而且铲运机只能在巷道中心一个点装矿，造成松散矿石流动中心速度过快，矿岩接触面容易弯曲，使矿石过早贫化。因此，必须正确地选择回采巷道的宽度 B_h。宽度 B_h 的计算可参考以下经验公式：

$$B_h = 5d_{zd}\sqrt{K_{jz}}$$

(4-10)

式中　d_{zd}——崩落矿石最大允许块的直径，m；

　　　K_{jz}——校正系数。

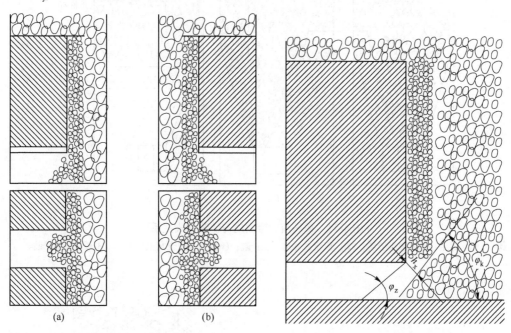

图 4-9　巷道形状与放矿制度的关系
（a）拱形回采巷道；（b）矩形回采巷道

图 4-10　回采巷道高度与
放矿口有效高度的关系

4.2.7　铲取方式及铲取深度

为了有效地回收矿石，必须要有一个合理的铲取制度。如果固定在回采巷道中央或一侧装矿，如图 4-11（a）和图 4-11（b）所示，流动带下部宽度减小，使矿石流动局限一点，废石很快就到达出矿口，造成矿石过早贫化；同时流动带宽度小，也容易产生堵塞。理想的装载宽度应和巷道宽度相同。而实际上，装载机的装载宽度都比较小，因而，必须规定沿着整个巷道宽度按一定的顺序轮番铲取，如图 4-11（c）所示。这时流动带的形状是比较理想的，矿岩接触线近似水平下降，可避免废石过早地进入回采巷道。因此，矿石的损失和贫化减少，纯矿石的回收率高。

铲取深度大，放矿口的有效高度就高；反之，有效高度小，放矿过程中的堵塞频率增大。理论上的最佳铲取深度，根据前述的散体力学中的最大主应力理论，可以得出图 4-12 所示的 β 应等于 $\gamma = \dfrac{90° - \varphi}{2}$。此处 φ 为散体的内摩擦角。对无黏聚力或黏聚力小的散体，可以近似地取自然安息角中 φ_z 等于 φ。

由图 4-12 的几何关系得出：

$$\tan\varphi = \frac{h_c}{x + 1}$$

(4-11)

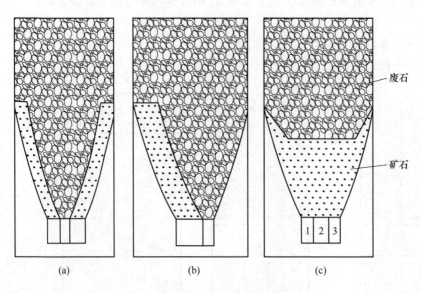

图 4-11   矿石流动带宽度与铲装方式关系

（a）固定在巷道中央铲装；（b）固定在巷道一侧铲装；（c）在巷道全宽上按 1、2、3 顺序轮番铲装

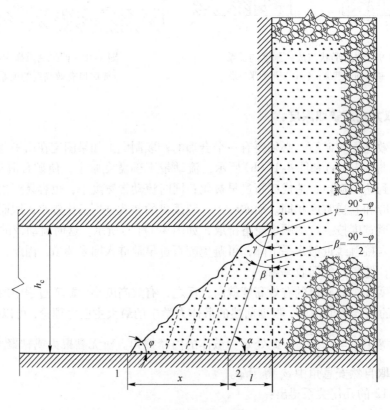

图 4-12   最佳铲取深度

于是:

$$x = \frac{h_c - l\tan\varphi}{\tan\varphi} \quad (4-12)$$

$$\frac{l}{h_c} = \tan\frac{90° - \varphi}{2} \quad (4-13)$$

将式 (4-13) 代入式 (4-12):

$$x = \frac{h_c - h_c\tan\dfrac{90° - \varphi}{2}\tan\varphi}{\tan\varphi} = h_c\cot\varphi - h_c\tan\frac{90° - \varphi}{2} \quad (4-14)$$

式中 x——最佳铲取深度,m。

所计算的最佳值往往要铲取若干次以后才能达到。但这种情况只有在松散矿石流动性能稍差的情况下才能实现。假如矿石流动性能好,每次铲取以后,矿石随即流出,恢复到铲取前的铺落位置,所以只有使用振动出矿机出矿时,才能按照理论上的最佳数值来选取它的埋设深度,实现最佳出矿方式。

4.3 放 矿 管 理

加强端部放矿管理才能降低矿石贫化损失,获得好的放矿经济效果。无底柱分段崩落法的矿石损失较大,主要由下列原因造成。

(1) 分段高度、进路间距和崩矿步距选择不合理,三者不相适应;回采顺序、方案设计不当,未注意回收靠近下盘和脉内巷道交叉处的矿石。

(2) 爆破效果不好,大块多,产生立槽和悬顶。

(3) 矿体不规则,边界圈定不准确,致使分段巷道位置布置不合理。

(4) 放矿管理不善。

矿石贫化的原因,除了矿体内夹石未分采,或者没有专用废石井,造成废石和矿石相混以外,主要的原因是由放矿过程中崩落覆盖围岩的混入造成。

端部放矿时,矿石从一个较薄的竖向崩落矿石层中流出,且多面与废石接触,废石容易混入,特别当发生大块堵塞,矿石不能全断面流动时,废石就会过早混入。由此可见,矿石损失贫化大是端部放矿的一个突出缺点。

生产中应采取综合有效的措施来降低端部放矿时的损失和贫化,如正确选择采矿方法结构参数,合理布置回采巷道,认真做好生产探矿工作,防止表土及细碎废石的渗漏,合理选择凿岩爆破参数,严格控制凿岩质量,加强放矿的技术管理,采用最佳放矿制度,合理确定放矿截止品位。

放出矿石的品位是放矿管理的主要依据,尤其是放矿截止品位,应严格控制。当放矿品位达到截止品位时,应立即停止放矿,截止品位与放出矿石的平均品位有密切关系。放出矿石的平均品位,可用加权平均算出,即:

$$G_p = \frac{G_{g1}W_1 + G_{g2}W_2 + \cdots + G_{gn}W_n}{W_1 + W_2 + \cdots + W_n} \quad (4-15)$$

式中　　　　G_p——n 次放出总的放出量的加权平均品位;

W_1,W_2,$\cdots$,W_n——第 1 次,第 2 次,$\cdots$,第 n 次放出量;

G_{g1}，G_{g2}，$\cdots$，G_{gn}——与 W_1，W_2，$\cdots$，W_n 相对应的品位。

当 G_p 等于最低极限品位时，品位 G_{gn} 就是截止品位。

4.4　无底柱分段崩落法进路间残留矿量的回收方法

如前所述，无底柱分段崩落法每一步距出矿结束时，两条进路之间存留有大量的矿石，人们将此种残留体视为暂时损失矿量，因为回采进路呈菱形布置，下分段进路正好位于脊部残留体下方，下分段回采时，该残留矿量可回收。大进路间距的布置，就是利用上丢下拣的回采原理，使上分段部分矿量转移到下一分段放出。但当矿体倾角缓、厚度较小时，分段重合率低，则容易造成永久损失，由此将无底柱分段崩落法的适用条件限定于急倾斜中厚矿体和缓倾斜极厚矿体。若实行低贫化放矿或无贫化放矿时，脊部残留量将进一步加大。对于缓倾斜和薄矿体一个突出的问题是如何调整采场结构来合理回收这部分残留矿量，以减少矿石的损失。有些矿山为回收这部分矿石，在有残留矿量的下盘部位，施工专门的回收进路。

对于正常矿体，脊部残留矿石一般通过下一分段回收，这正是回采进路菱形布置的意义所在。由于每一分段放矿仅能放出本分段负担矿量的一部分，一部分须转移到下一分段回收，而最下一个分段的残留矿量或矿体下盘三角矿体，需在矿石残留体下方底板围岩里开掘进路，进行切岩采矿，如图 4-13 所示。回收进路是位置最低的回采进路时，由它负担的回采矿量不具有向下转移条件，而所接上面分段转移或丢失的矿量都需在本分段回收，否则采场残存矿石不能回收，将造成永久性矿石损失。因此，回收进路应采用截止品位放矿方式。

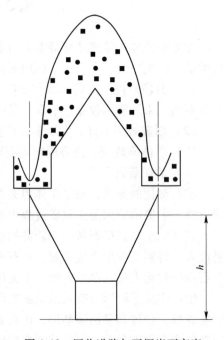

图 4-13　回收进路与开掘岩石高度

回收进路的放矿过程是，先放纯矿石，后放贫化矿。在纯矿石放出期，矿石品位一直保持稳定，随着贫化开始，矿石品位逐渐降低，最后达到截止品位，则停止放矿。如回收进路布置在岩石中，首先放出的是岩石，逐渐变为纯矿石，放矿后期为贫化矿石，直至截止品位。当分段高度与进路间距一定时，贫化矿放出的数量及其综合品位，主要取决于开掘岩石高度。开掘岩石高度越大，岩石的混入量就越大，且综合品位越低。切岩的合理高度取决于矿体赋存条件和技术经济条件，需按矿山实际技术经济指标计算确定。对每一回采切岩高度，都应运用崩落矿岩运动规律，尽可能减少回收进路的废石放出量与混入量。

对于开掘在下盘岩石中的进路，为减少废石放出量，可通过增大边孔角来少崩废石。也可通过加大崩矿步距来增大废石的端部（正面）残留量。此外，矿岩也可采用分出分储，以减少放出废石的混入量。

切岩回收进路的应用，解决了缓倾斜矿体无底柱分段崩落采矿法下盘三角矿体的回采问题，可使采场内矿量得到充分回收，也为其上各分段实行低贫化放矿或无贫化放矿创造了回收条件，同时使无底柱分段崩落法适用范围得以拓宽。

总之，放矿方式应与采场结构合理搭配，根据矿体赋存条件，选择采用组合截止品位放矿、低贫化放矿或无贫化放矿方式，最大限度地降低矿石的贫化率，提高回收率，以充分发挥无底柱分段崩落采矿法高效、安全、成本低的优点。

 课程思政

放矿领域专家学者介绍

任凤玉，男，东北大学教授。基于随机介质理论进一步研究了散体移动概率分布，建立了散体移动速度场、移动漏斗、放出体方程、颗粒移动迹线和坐标变换方程，能够高度适应放出体形态的各种变化，并可根据散体流动参数预测放出体形态，为崩落法采场结构参数的设计提供了理论依据。同时，提出了矿山"三律"（地压活动规律、岩体冒落规律与散体流动规律）适应性理论。

习题与思考题

4-1 简述端部放矿时，端壁对散体运动规律的影响。

4-2 端部放矿的特点是什么，其放出矿石的体积如何计算？

4-3 论述端部放矿与底部放矿间的异同。

4-4 无底柱分段崩落法回采进路一般呈何种形式布置，为什么？

4-5 如何运用放矿理论确定无底柱分段崩落法的结构参数？

4-6 确定无底柱分段崩落法的分段高度时，需要考虑哪些因素？

4-7 确定无底柱分段崩落法的回采巷道间距时，需要考虑哪些因素？

4-8 确定无底柱分段崩落法的放矿步距时，需要考虑哪些因素（是分段高度还是放矿层高度）？

4-9 确定无底柱分段崩落法的端壁倾角时，需要考虑哪些因素？

4-10 无底柱分段崩落法开采中，为什么有的矿山要开掘岩巷？

5 散体振动放矿

借助振动力和重力的作用，强制促使松散的矿石自采场或溜井放出的放矿方法，称为振动放矿（或振动出矿）。与重力放矿相比，振动放矿的放矿条件有显著的改善。重力放矿是利用松散矿岩的重力，来克服矿石间和采场周壁的摩擦力使矿石流出的被动放矿方式；而振动放矿是属于主动的放矿，在出矿机强烈的振动作用下，崩落矿石被松动且沿振动平台不断向前移动，实现连续放矿和小角度放矿，从而扩大散体流动的范围，增加放矿口的有效高度，减少放矿口的堵塞，使放矿口通过能力增加，提高出矿强度。

长期的生产实践证明，在重力放矿的条件下，要实现连续放矿，大幅度提高放矿生产能力是有一定困难的，为了提高放矿效率而采取的许多措施，大都因客观条件的限制而难以实现。特别对于一些流动性差的矿岩散体，采用重力放矿更加困难，经常发生悬顶等问题，严重影响出矿效率。而通过振动能减弱散体介质颗粒间的摩擦力，调节散体介质的流动速度，消除悬顶，实现连续放矿。因而采用振动放矿技术，是提高放矿效率的有效途径之一。

现矿山溜井放矿和主井装载给矿大部分都采用振动放矿机，提高了放矿安全性和矿石的放出能力。下面通过两种放矿结构的比较，进一步证明振动放矿的优势所在。

重力放矿时，矿石通过口的高度可用下式计算，即：

$$h_x = (h_y - l_2 \tan\varphi_k)\cos\varphi_k \tag{5-1}$$

式中　h_x——放矿口的有效高度，m；

　　　l_2——正面护檐 B 到矿堆边缘 A 连线 AB 的投影距离，m；

　　　φ_k——矿堆的静止角（比自然安息角大 $4° \sim 7°$），（°）；

　　　h_y——护檐距巷道底板的高度，m。

振动放矿时，矿石通过口的有效高度可用下式计算，即：

$$h_x' = B_s \tan\varphi_y \tag{5-2}$$

式中　h_x'——矿石通过口的有效高度，m；

　　　B_s——塌落宽度，指矿石在振动出矿机上铺落的坡底顶点到正面护檐的水平投影距离，m；

　　　φ_y——载压自然安息角，（°）。

通过两种放矿方式放矿口高度的变化比较，可以看出，振动放矿的矿石通过口的高度要比重力放矿大。这是因为使用振动设备后，振动台可按水平或 $5° \sim 10°$ 的坡度布置，使得死矿堆静止角 φ_k 大大减小，同时防止了死矿堆的延伸，因而放矿口的有效高度显著加大，矿石的通过能力显著增加。

此外，由于使用了振动设备，大大减少了放矿口的矿石堵塞情况。如大块受阻于放矿口，振动台可迫使大块在放矿口内摇晃颠动，一旦大块在放出方向的尺寸略小于放矿口时，大块便被放出。因此，放矿口通过能力系数（放矿口尺寸与合格大块尺寸的比值）

从 3 降低到 1.3 ~ 2，从而增加了合格大块的尺寸（可由 0.5 m 提高到 0.8 ~ 1 m）。在没有井下破碎站的矿山，合格大块尺寸甚至可以提高到 1.0 ~ 1.2 m，从而大大减少采区的二次破碎量。

5.1 振动散体的运动规律

5.1.1 振动放矿机理

振动机的振动器产生的振动能，是通过振动平台台面在松散矿石中以振动波的形式进行传播的，但不是所有的矿石都受到同样强度的振动。尽管不同层位中的振动频率相同，但振幅却变化很大，与振动平台直接接触的矿石层以一定的振幅振动，离平台越远，振幅越小，并且逐渐减小到零。较远层位的振幅变小，是由摩擦力和不能恢复的变形使振动脉冲在逐层传导过程中逐渐减弱所致。

在振幅减弱的同时，上下相邻层位间有相位滞后，并且上层的水平运动速度小于下层的水平运动速度。这是由于振动平台发出的振动脉冲，不是同时传递到所有的矿石中，而是由底层逐渐向上层传递的缘故。因此，振动平台振动产生的能量主要用于克服重力、摩擦力和不能恢复的变形上。

振动放矿时，松散矿石不但在重力作用下运动，还受到振动出矿机给予的垂直和水平两个方向分力的作用。垂直放出方向的分力使矿石振动，改善了放出矿石的流动性，而作用在矿石运动方向的分力，使矿石沿平台台面向前移动并连续放出。

振动放矿机的放矿是利用安装在振动台底部的振动器，靠偏心块在旋转运动中产生的离心力驱动台面作往复振动来实现的。当振动台振动加速度的垂直分量大于重力加速度时，台面上的矿石即被抛离台面，并以由台面获得的这种初速度，在空间按抛物线继续向前运动。在运动过程中，矿石受到重力作用落下的某一瞬间与台面接触，并随台面运动，直至下一次被抛起。这些矿石相对于振动台面做周期性的跳跃运动，也就是矿石沿台面的连续运输过程。由于振动平台的频率很高、振幅很小，松散矿石被抛起的高度也很小，一般只能观察到松散矿石在平台面上能够向前做连续流动，而看不到跳跃现象。只有少量的矿石颗粒在平台面上运动时才能看见微小的跳跃运动。

5.1.2 受振散体的流动特性

散体是由大量颗粒组成，就单个颗粒而言，它具有固态的性质；但就整个散体而言，它又具有流动性。因颗粒间的摩擦力较大，其流动性是有限的。内摩擦角是表征散体内摩擦力大小的重要参数，内摩擦角越大，颗粒间的内摩擦越大。内摩擦角的变化也反映了散体流动性的变化。因此，内摩擦角 φ_n 是表征散体流动性的基本物理量。通常所说的内摩擦角是散体颗粒间的接触面在力的作用下未发生滑动，但是已存在滑动趋势时的静内摩擦角。它受散体颗粒组成、颗粒形状、孔隙度、湿度及剪切速度等因素影响。对某些特定的散体来说，静内摩擦角可看作是定值。但当散体受到外加的振动以后，内摩擦角将发生变化。

可以使用受振散体加速度的大小来衡量其获得振动能的多少，具有加速度的散体颗粒将产生惯性力。此力的大小不但与振动强度有关，还与散体颗粒的质量成正比。颗粒的惯性力在散体中表现为颗粒间的相互作用力。由于散体中颗粒的形状、大小和方位的不同，每个颗粒与相邻颗粒有多个接触点，因此颗粒间相互作用力的数目、大小和方向具有随机性。颗粒承受的作用力是三维的，这些大小不同的作用力，其合力可能通过该颗粒的质心或偏离质心，促使颗粒失去平衡，颗粒间出现滑动或滚动。散体中大量颗粒失去平衡，颗粒间产生相对运动，由静摩擦过渡到动摩擦，从而使散体抗剪强度下降。

在振能传播的有效范围内，特别是强振区内，例如，处于只有三面侧限的受矿巷道底部的矿岩散体，会获得较大的加速度值。在动力的强烈扰动下，散体表现为更加松散，抗剪强度尤其会发生显著地下降。

另外，振动能以波的形式传播过程中，散体发生剪切变形和压缩变形，颗粒间的接触点上将产生新的应力。接触应力的存在也是散体的抗剪强度降低的原因之一。

受振散体流动性的增大，有利于实现放出散体的流通（不卡块、结拱和堆滞），如果是矿岩散体，那么振动出矿可提高出矿强度，降低矿石的损失、贫化等。

以上阐述的散体在振动作用下流动性的改善，是在正常振动条件下的散体放出过程中发生的，即散体是处于非四周侧限的条件下。如果封闭放出口，不允许散体放出，在这种条件下施以振动，则散体的空隙比将变小，散体振实，也就无流动性改善可言。

在相同的振动作用下，随着法向压力的增加，散体物料间的内摩擦力增大，颗粒难以移动，从而使物料的振动压实程度减少。在给定法向压力的作用下，当振动加速度超过某一限值时，物料的振动压实程度才趋于稳定。

对于振动作用下的含水细粒物料，在有侧限的情况下，还可能出现"液化现象"，即振动作用使饱和散体的孔隙水压力急剧增大，从而失去抗剪强度，变成悬液状态。随着孔隙水逐渐排出，孔隙水压力逐渐消失，细粒物料逐渐沉降堆积，并重新排列出较为密实的状态。物料的粒径越均匀或越小，越容易发生液化。这种振动液化现象，对存储的饱和细粒物的放出和运搬有一定的利用价值。

5.1.3 振动对放出体积的影响

为了评定振动对放出体积的影响，提出了一个开始贫化前放出体积的比较系数 K_p，也就是振动放矿的放出体积与相应条件下重力放矿放出体积之比，即：

$$K_p = \frac{Q_d}{Q_t} \tag{5-3}$$

式中 K_p——开始贫化前放出体积的比较系数；

         Q_d——振动放矿时的放出体积，m^3；

         Q_t——与振动放矿相同放矿条件下的重力放矿时的放出体积，m^3。

比较系数与放矿层高度有关。放矿层高度小，比较系数大，振动放矿放出体的偏心率值也就小。模拟实验表明，放矿层高度在 12～25 m 的区间内，比较系数由 1.17 变化到 1.42。也就是说，在这样的条件下，振动放矿的放出体积比重力放矿大 0.17～0.42 倍。

比较系数与振动出矿机的振动频率、振幅及激振力等振动参数有关。研究表明，随着振动频率或振幅的增加，比较系数增大，但增加较慢。这表明振动放矿的放出体积是随振动频率和振幅的增大而缓慢增大的。

在振动频率为 1200 r/min 的条件下，对 4 种生产实际中应用较普遍的激振力（6 t、8 t、10 t、12 t）进行模拟实验得知，激振力在一定的范围内变化对放出体形影响不大，当放矿层高度不变时，放出体积的变化仅在 10% 以内。

实验证明，端部振动放矿时，松散矿石的放出体形状的垂直断面是椭圆形，与重力放矿相似。但其水平剖面是由 3 个不同的几何图形组成的：A 为椭圆柱体，B 为半椭圆柱体，C 为旋转椭圆体。图 5-1 所示是端部振动放矿时的放出体形图。

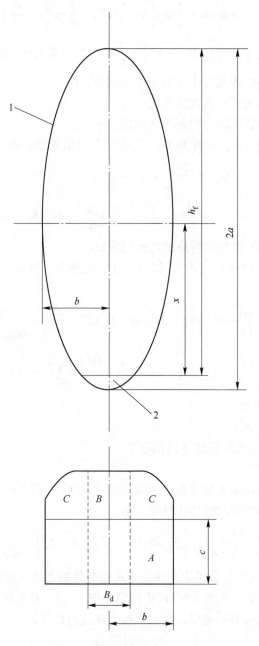

图 5-1　端部振动放矿的几何图形

1—贫化前放出的矿石体积 Q_d；2—被振动台所切割的体积 Q_q

贫化前放出的松散矿石的体积 Q_d 等于放出图形的总体积 Q_{zt} 和被振动台所切割的体积 Q_q 之差，即：

$$Q_d = Q_{zt} - Q_q \tag{5-4}$$

放出图形的总体积 Q_{zt} 等于椭圆柱 Q_{zh}、半椭圆柱体 Q_b 和旋转放出椭球体 Q_f 的体积之和，即：

$$
\begin{aligned}
Q_{zt} &= Q_{zh} + Q_b + Q_f \\
&= \pi abc + \frac{1}{2}\pi a\left(b - \frac{B_d}{2}\right)B_d + \frac{2}{3}\pi a\left(b - \frac{B_d}{2}\right)^2 \\
&= \frac{2}{3}\pi a^3(1 - \varepsilon_z^2) + \frac{1}{6}\pi a^2(6c - B_d)\sqrt{1 - \varepsilon_z^2} - \frac{1}{12}\pi a B_d^2
\end{aligned}
\tag{5-5}
$$

式中　a, b, c——椭圆柱体及放出体的三个半轴值，m；

　　　　B_d——振动出矿机台面的宽度，m；

　　　　ε_z——振动放矿时放出椭球体的偏心率。

被振动出矿机振动台切断的体积 Q_q，可用积分方法求得，即：

$$
\begin{aligned}
Q_q &= \frac{2bc}{a}\int_{na}^{a}\sqrt{a^2 - x^2}\,dx \\
&= \frac{1}{2}a^2 c\sqrt{1 - \varepsilon_z^2}\left(\frac{\pi}{2} - \sin^{-1}K_t - K_t\sqrt{1 - K_t^2}\right)
\end{aligned}
\tag{5-6}
$$

式中　K_t——椭球体长半轴与切断高度之比例系数。

将式（5-5）和式（5-6）代入式（5-4）中，经整理，可以得出振动放矿时，贫化前的松散矿石体积 Q_d：

$$
\begin{aligned}
Q_d = &\frac{\pi\xi^2}{768h_f^3(1 - \varepsilon_z^2)^2}\left[\xi + 2h_f(6c - B_d)\sqrt{1 - \varepsilon_z^2}\right] - \frac{\pi B_d^2\xi}{96h_f\sqrt{1 - \varepsilon_z^2}} - \\
&\frac{\xi^2\sqrt{1 - \varepsilon_z^2}}{128h_f^2(1 - \varepsilon_z^2)^2}\left(\frac{\pi}{2} - \sin^{-1}\frac{\lambda}{\xi} - \frac{4B_d h_f\lambda\sqrt{1 - \varepsilon_z^2}}{\xi^2}\right)
\end{aligned}
\tag{5-7}
$$

式中　$\xi = 4h_f^2(1 - \varepsilon_z^2) + B_d^2$；

　　　　$\lambda = 4h_f^2(1 - \varepsilon_z^2) - B_d^2$；

　　　　ε_z——振动放矿时放矿椭球体的偏心率；

　　　　h_f——放矿层高度，m。

实验证明，在放出高度大的情况下被振动台切断的体积占的比重不大，可以忽略不计，这样就简化了振动放矿时的体积计算，即：

$$Q_d = \frac{\pi\xi^2}{768h_f^3(1 - \varepsilon_z^2)^2}\left[\xi + 2h_f(6c - B_d)\sqrt{1 - \varepsilon_z^2}\right] - \frac{\pi B_d^2\xi}{96h_f\sqrt{1 - \varepsilon_z^2}} \tag{5-8}$$

式（5-8）是计算无底柱分段崩落法垂直端壁时的振动放矿体积的常用公式。

式（5-6）、式（5-7）及式（5-8）中的偏心率 ε_z 值，是有振动力作用下的放出椭球体的偏心率。该值可以由实验得出，也可以按下式进行计算：

$$
\begin{aligned}
x &= \sqrt{1 - \varepsilon_z^2} \\
\varepsilon_z &= \sqrt{1 - x^2}
\end{aligned}
\tag{5-9}
$$

在椭球体长半轴 a、短半轴 b、放矿层高度 h_f 以及振动出矿机的台面宽度 B_d 之间，有如下关系式：

$$\frac{h_f}{2}\left[1+\frac{B_d^2}{4h_f^2(1-\varepsilon_z^2)}\right]-\frac{b}{\sqrt{1-\varepsilon_z^2}}=0 \tag{5-10}$$

将式（5-9）代入式（5-10），即：

$$4h_f^2 x^2-8h_f bx+B_d^2=0 \tag{5-11}$$

h_f、B_d 已知，将 h_f 和 B_d 代入式（5-11）中，可解出 x 值。将 x 值代入式（5-9），便可求出振动放矿椭球体的偏心率。还可借助重力放矿时的偏心率计算公式来计算振动放矿时的偏心率。

5.1.4 振动场内连续矿流的形成

振动出矿是部分借助矿石重力势能的强制出矿，矿石的放出是重力与激振力联合作用的结果。研究表明，振动台面的松散矿石承受的上部压力是很大的。在视为连续均布的载荷 F 的作用下，出矿巷道顶板水平以下似长方体形（见图 5-2 中 $OMNAB$）的松散矿石，将产生一个水平推力（见图 5-2），该力作用于假想的挡墙三棱柱体（见图 5-2 中 OBC，以下简称 OBC 体）。

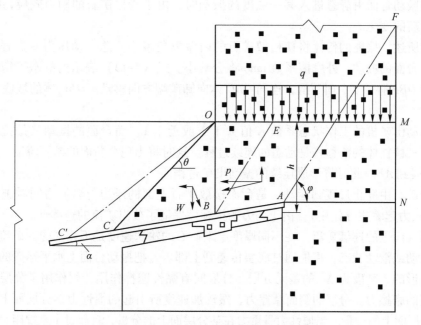

图 5-2　振动台面上矿石的极限平衡状态

假定 OB 面上不产生摩擦，则其受力情况便和垂直光滑的挡墙相似。在水平推力的作用下，若 OBC 体向前产生微小移动，OBE 三角棱柱体（简称 OBE 体）将相应向下滑动。在 OBE 体濒临于向下滑动的主动极限平衡瞬间，根据土压力理论，施于 OB 面的单位宽度上的总主动压力 p 为：

$$p=\frac{1}{2}\gamma h^2\tan^2\left(45°-\frac{\varphi_n}{2}\right)+Fh\tan^2\left(45°-\frac{\varphi_n}{2}\right) \tag{5-12}$$

该力作用在 B 点以上的 $\frac{h}{3} \sim \frac{h}{2}$。

若把矿石视为非黏结性的，则 BE 滑动面为一平面，该平面与水平面的夹角为 $45° + 0.5\varphi_n$。

将 p 分解为平行与垂直 BC 面的两个分力 $p\cos\alpha$ 和 $p\sin\alpha$，前者是使 OBC 体向前滑动的力，后者是与 BC 面垂直向上的力。设 OBC 体的自重为 W，它可分解为与 BC 面平行的滑动力 $W\sin\alpha$ 和与 BC 面垂直的分力 $W\cos\alpha$。垂直分力与 $\tan\varphi_n$（φ_n 为矿石对振动台面的外摩擦角）的乘积为抗滑力。

设振动台面的宽度为 b，当 OBC 体在各力作用下处于静平衡状态时，可得到下式：

$$bp\cos\alpha + W\sin\alpha = (W\cos\alpha - bp\sin\alpha)\tan\varphi_n \tag{5-13}$$

$$W = p\frac{b\cos\alpha + b\sin\alpha\tan\varphi_n}{\cos\alpha\tan\varphi_n - \sin\alpha} \tag{5-14}$$

显然，W 是 p 的函数。当 p 值增大时，OBC 体必然相应增大（即振动台面上 C 点外移），或者说，台面上矿石的承压静止角 θ 必然减小。

因此，当台面矿石处于平衡状态时，作为挡墙的 OBC 体是自眉线 O、按 θ 塌落的矿石三角棱柱体，这时的塌落坡底是定点 C。

而当振动台面由静态进入某一强度的振动时，由于受振矿石的动力效应，OBC 体将随着出现新的变化。

如前所述，振能的传播将使松散矿石的内摩擦角减小，总主动压力 p 显著增大。同时，由于台面的振动，外摩擦系数 $\tan\delta$ 将会减小。式（5-13）表示的静态平衡将遭到破坏，致使 OBE 体沿 BC 面下滑，连同 OBC 体向卸矿端方向移动。OBC 体的坡底 C 将延伸到 C'。

当振动出矿机的工作状态系数 K 值大于 1 或近于 1，而台面的振动又是持续的情况下，矿石三棱柱体的滑移将是动态的连续过程。这时将出现全断面的矿石流动，滑动面将由 BE 发展到 AF。此时将形成连续的振动出矿过程。

受振矿石由静止过渡到运动，是台面松散矿石上部的压力与激振力同时施加的结果（其中激振力起着主导作用）；由于两力的持续性保证了放出矿流的连续性。

振动台面上的连续矿流，在不同厚度层上矿石的输送速度是不相同的。矿流底层的矿石处于跳动或滑动状态，振能通过底层传递到上部。若把振动台面上水平运搬的矿石看作许多不变形的、高度为 Δh 的基元分层，分层间有黏性摩擦作用，则作用于分层上的力有相邻分层的摩擦力、分层的侧面摩擦力、振动加速度所引起的惯性力在分层面上的分量和重力在分层面上的分量。当惯性力是重力在某分层面上的分量，且超过了摩擦阻力的某一临界值时，该分层面以下厚度的矿层便沿台面搬运出来，该矿层称为运动层，如图 5-3 所示。

运动层的形成是惯性力和重力共同作用的结果，与这两个力有关的振动加速度和振动台面倾角是决定运动层厚度及其向矿堆深入程度的主要因素。

埋设于崩落矿堆下的振动台面的受矿端与卸矿端的荷载有很大差别，因此，沿台面长度上各点的振幅和加速度均不同。当自某点起，其振动加速度与形成运动层所需的临界加速度相等，而卸矿端的矿石畅流，此时便自该点沿振动台面长度方向向卸矿端方向出现运动层。如果台面的振动加速度较小，或受矿端承受的压力较大，则运动层的厚度减小，运

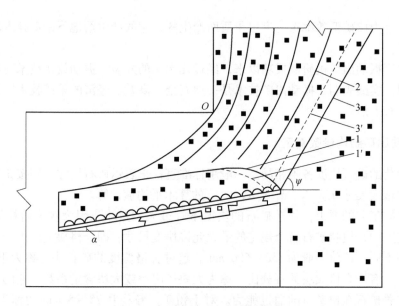

图 5-3 振动场内矿石的放出形态

1′, 1—运动层的分界面; 2—下向流速近为常数的滑动线; 3′, 3—振动滑移面

动层的起点沿振动台面向压力小的方向移动, 如图 5-3 所示。增大振动加速度是有利的, 但台面振动加速度的增大会引起设备功率的显著增加和对结构强度的过高要求, 因此, 台面振动加速度一般不超过 60 m/s²。

增加振动台面倾角, 则矿石沿台面的下滑力将增大, 同时也将增大运动层的厚度及其向矿堆的深入程度。但台面的倾角也是有限的, 一般为 0°~25°。因为角度过大时, 为避免矿石自然滚落, 需要显著增加振动台面的长度。

当眉线至振动台面的垂直距离较大, 台面上的矿层厚度大于运动层高度时, 离眉线较近的那部分矿石就在运动层之上, 其将借助运动层的运动力和矿石的振动滑移而被放出。

振动出矿时, 运动层不断往外运送, 与此同时, 其上部的矿石连续不断地补充入运动层中, 致使振动场内活化了的矿石沿着滑动线连续剪切而发生下向流动。越靠近眉线其流动速度越大, 并随离眉线的水平距离的增大而逐渐趋于零。由于矿石流速的变小, 以及一部分细粒级矿石往下渗漏, 在振动台面受矿端缘 (运动层的起点处) 便出现压实的稳定斜坡, 即振动滑移面。其相对于水平面的倾角称为振动出矿静止角 ψ, 其值的大小取决于矿石的物理力学性质和台面的振动强度, 小于重力放矿静止角 ψ'。可用下式表示:

$$\psi = \psi' - \Delta\psi \tag{5-15}$$

式中　ψ——振动出矿静止角, (°);

ψ'——重力放矿静止角, (°), 可用 $\psi' = 45° + 0.5\varphi_n$ 计算;

$\Delta\psi$——相同矿石的情况下, 重力放矿静止角与振动出矿静止角之差, 一般为 4°~7°。

5.2　振动放矿技术

振动放矿技术是借助强力振动机械对矿岩散体的有效作用, 以实现强化出矿过程, 完善采矿方法和促进工艺系统变革的采矿技术。它是在崩落采矿法广泛应用后, 为了解决落矿高效率与重力放矿低效率这一突出矛盾而产生的。它的产生给地下采矿技术的发展带来了重大影响。

自颠振型振动出矿机研制成功以来，经过几十年的发展，振动放矿技术在各类矿山得到广泛应用。实践表明，振动出矿技术是一项安全、高效、经济的采矿技术，近些年来仍在不断完善和发展。

5.2.1　振动出矿结构参数确定

采场崩落的矿石块度各不相同。一般用标准直径来表示矿石尺寸，即按 3 个近似正交轴上量得的最大尺寸 d_1、d_2、d_3 或 a、b、c 的算术平均值计算。

根据出矿工艺的要求，松散矿石的块度不宜过大和过小，因为块度直接影响放矿效率。生产实践中，块状矿石有个规定的最大允许块度尺寸，即合格块度。由于生产能力及采矿方法等不同，该值一般为 350 ~ 600 mm。超过合格块度的矿石块，称为不合格大块。崩落矿石中含有不合格大块的百分比，称为大块产出率或大块含量系数。它的大小在很大程度上决定着矿石在出矿口的通过能力。对于粉矿，粒径 0.25 ~ 5 mm 的称为粗粒粉矿，0.25 mm 以下的称为泥质矿。松散矿石中粗粒粉矿及泥质矿增多、湿度增大时，在压力作用下会发生固结，使黏结力增大，流动性降低。因此，崩落矿石中粉矿含量的多少，对出矿口内矿石的通过性也有很大影响。

矿石的通过性是指松散矿石通过出矿口或放矿巷道的难易程度，它实质上反映了矿石通过出矿口的能力。矿石通过性的好坏，可用单位时间内出矿口的放出量或均摊于一定放矿量中发生的堵塞次数来表示。对于块状矿石，常以矿石通过系数的大小来表示矿石通过性的好坏。

所谓矿石通过系数，就是出矿口有效高度或放矿巷道短边长与合格块度尺寸之比，即：

$$k = \frac{h_0}{d} \tag{5-16}$$

式中　k——出矿口的矿石通过系数；

　　　h_0——出矿口的有效高度，m；

　　　d——合格块度尺寸，m。

研究表明，重力放矿时，要使块矿顺畅放出，必须保证矿石通过系数 $k > 3$，即出矿口的有效高度 h_0 要大于合格块度尺寸的 3 倍；当 $k = 2 ~ 3$ 时，矿石在出矿口是否堵塞具有偶然性；但当 $k < 2$ 时，堵塞现象将经常出现。

上述 $k > 3$ 时可以实现畅流，这是对大块率为零的情况下而言的。由于生产实践中不合格大块的客观存在，出矿口的尺寸又有限，因此即使在 $k > 3$ 的情况下，矿石堵塞也是不可避免的。

放矿过程中，矿石堵塞形式有两种。对于块矿而言，表现为出矿口内大块的卡阻和大块的组拱；对于粉矿而言，则表现为出矿口内粉矿的结拱和出矿口的粉矿堆滞。

生产实践表明，矿石堵塞是重力放矿工艺的症结所在，也是影响放矿效率的主要原因。要消除堵塞，改善出矿口内矿石的通过性，振动出矿是解决此问题的一个有效的技术途径。

首先，采用振动放矿时，出矿口的有效高度能够显著增加，如图5-4所示。

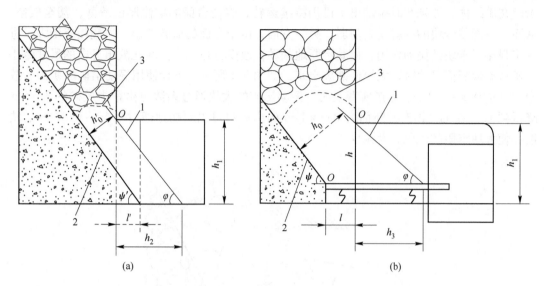

图 5-4 放矿方式对比图

（a）重力放矿；（b）振动放矿

1—矿石塌落截面；2—死矿堆坡面；3—拱线；

O—护檐眉线；h_1—出矿巷道高度；h_2，h_3—分别为重力放矿和振动出矿的矿石塌落高度；ψ'—重力放矿静止角；

ψ—振动出矿静止角；l'—电耙出矿的斗穿长度；l—振动出矿机的埋设深度；φ—矿石塌落角；

h—振动出矿的眉线高度；h_0'，h_0—分别为重力放矿和振动出矿的出矿口有效高度

采场重力放矿时，出矿巷道中矿石流动带的最小厚度（出矿口有效高度 h_0'），受护檐眉线 O 与死矿堆坡面的限制，h_0' 的大小取决于出矿深度 $h_2 - l'$，即电耙扒运宽度、格筛有效部分的长度或铲运机铲取深度。采用振动出矿时，出矿口有效高度 h_0 的大小主要取决于振动出矿机的埋设参数。由于出矿机有个埋设深度 l，死矿堆坡面移至眉线以内，所以矿流流通过的出矿口的有效高度显著增加了。根据图5-4中放矿口的几何关系可得到计算矿口有效高度的公式。

重力放矿：

$$h_0' = h_1\cos\varphi' - l'\sin\psi' \tag{5-17}$$

振动放矿：

$$h_0 = h\cos\varphi + l\sin\psi \tag{5-18}$$

式（5-17）和式（5-18）中的符号含义如图5-4所示。假如 $h_1 = 2.2$ m，$l' = 0.6$ m，$\psi' = 66°$，$\psi = 62°$，$l = 0.7$ m，$h = 0.4h_1$，代入式（5-17）、式（5-18）得：$h_0' = 0.35$ m，$h_0 = 1.03$ m，即振动出矿时矿流通过的出矿口的有效高度为重力放矿的3倍。尽管影响出矿口的有效高度的因素很多，但该值的显著增大是毋庸置疑的。

出矿口的有效高度的增大，可以提高大块的通过能力，这是振动出矿时堵塞现象减少的一个原因；更重要的是，由于台面的振动，受振矿石的流动性增大，使放矿条件得到很大的改善。

由于受振矿石的流动性增大，出矿口内的粉矿及小块度矿石似流态地沿振动台面连续

流动,大块跟随着向外运搬,因而在很大程度上减少了大块受阻的可能性。偶尔会有大块卡阻在眉线内,如果此时振动出矿机仍持续运转,将使台面的矿流厚度减薄,甚至放空。从而一方面使卡块的撑脚受到削弱,另一方面,由于台面的荷载减小,振幅相应增大,进一步强化了卡块的振动作用,使其不断地颤动,改变方位。当大块在放出方向的尺寸略小于矿石流通断面尺寸时,大块便被放出来,如图5-5所示。不少使用振动出矿的矿山,放出块度达 0.9~1.2 m。生产实践表明,振动出矿的大块通过系数可由重力放矿的 3~5 m降低到 1.2~2 m,即有效断面为 1 m×1 m 的出矿口可以顺畅地通过 0.50~0.83 m 的块度,使大块卡阻的现象大大减少。

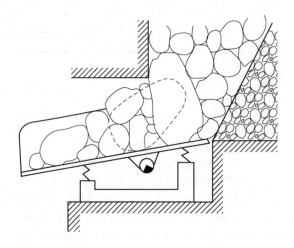

图 5-5　受振大块的放出示意图

由于受振矿石的内外摩擦系数的减小,使矿流的运动阻力(包括内阻和外阻)降低,流动性增大,并且有利于调节矿流中长块和杆状物料(如钎杆、坑木)的放出形态,避免跟随矿流运动的长形物由于横置下降而发生卡阻。

放矿过程中,块矿组拱是矿流堵塞的另一种表现形式。如果放出的矿石块度不均匀,大块中粉矿的含量较多,温度又高,则容易出现稳定的平衡拱。由于拱脚支撑着上部的矿石重量,故会导致放出矿流突然中断。这是重力放矿常有的现象,即使通过系数 $k = 3~5$ 的条件下,由三五个块矿组拱的情况也会发生。

生产实践表明,矿石稳定拱多出现在出矿口周边突然收缩的部位,由于矿石流动断面的减小,矿石又有水平方向的移动,故易组拱,如图5-6所示。组拱时,拱基一部分落在出矿巷道壁,另一部分则落在死矿堆坡面上。处理稳定拱是困难且危险的。成拱是否稳定,与拱的跨度、拱高和荷载高低有关。通常在两种情况下拱将被破坏:一种情况是在大块间较小的接触面上产生破碎,拱的承载能力消失;另一种情况是由于大块间或大块与巷道壁间相互接触面上的摩擦阻力不足以抵抗拱上荷载产生的剪力,使大块滑落。

对于拱基滑动而使成拱破坏的可能性,可做如下分析。在图5-6中,L 是拱的跨度,h 是拱高,m 是单位长度上的质量,在反作用力 F 的作用点取力矩,并考虑到 $F_h = p$,便可得出 F 的水平分量 F_h:

$$F_h h = \frac{mL}{2} \times \frac{L}{4} \tag{5-19}$$

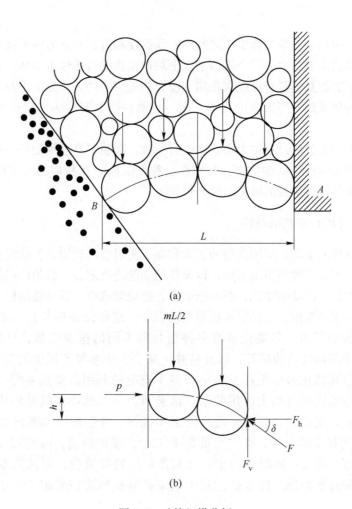

图 5-6 矿块组拱分析

$$F_h = \frac{mL^2}{8h} \tag{5-20}$$

由于拱基 A 点的抵抗力全部是摩擦阻力，则反作用力的垂直分量 F_v 为：

$$F_v = F_h \tan\delta = \frac{mL^2}{8h} \tan\delta \tag{5-21}$$

F_v 的最大值为垂直载荷的一半，即 $mL/2$，因此，成拱的条件为：

$$\frac{mL^2}{8h} \tan\delta \leqslant \frac{mL}{2} \tag{5-22}$$

即：

$$L \leqslant \frac{4h}{\tan\delta} \tag{5-23}$$

采用振动出矿时，由于出矿口有效尺寸的增大，使成拱的跨度增大，从而降低了矿块组拱的可能性。即使出现成拱现象，借助振能的传播，矿石的内摩擦系数及矿石对巷道壁的外摩擦系数减小，成拱的拱基将受到削弱，也有可能达到破拱的目的，因此不易出现稳定的平衡拱。

除此之外，振动场内各下降块矿之间的运动速度相近，与重力放矿比较，其相对速度差稍小，由下降速度差产生的两个或两个以上块矿组拱的可能性也小些。在振动矿流下降过程中，块矿间的相互位置有可能存在相互咬合的组拱条件，只是由于振能的传播作用使拱不能形成或短暂形成。当振动中止时，这一"潜在拱"转变为稳定拱的可能性也是存在的。

块矿组拱主要由放矿过程中大块偶然组合所致，而粉矿结拱则是另一种情况。粉矿结拱与矿石的物理力学性质（如湿度、黏结性、粒度组成）和粉矿的压实程度等有很大关系，而归根结底与松散矿石的抗剪强度密切相关。

5.2.2　振动出（给）矿机的结构

由于作业条件的不同、应用范围的扩大和新工艺设想的提出，振动设备随着振动技术在采矿作业的应用，其种类不断增加。以设备的功能进行划分，目前已在我国矿山得到应用的有振动出矿机、振动运输机、振动给矿机、振动装载机、振动破拱机、振动给矿筛洗机、振动条筛、振动溜槽、振动清车机等振动设备。这些设备基本上都属于中频单质体、超共振的惯性振动设备。各类设备有多种型号和不同的振动参数，可以适应于块矿、粉矿、黏性矿等不同性质的矿石，以及溜井、矿仓、采场等不同工艺要求的作业条件。它们使振动效应在强化采矿生产过程中获得了充分的利用。实践表明，在采矿生产过程中开发利用振动机械有很大应用前景。这是因为与其他类型机械相比较，振动机械拥有一系列优点。它们结构简单，通常由工作机构、弹性系统和激振系统3个部分组成，一般来说没有传动零件，可在大负荷下工作，维护简便，可实现遥控、自控；且使用安全、经济、高效；同时还由于振动对散体的特殊效应，可从根本上解决粉状矿物放矿的安全和效率问题。这也是近几十年来振动机械能在采矿工业中得到很大发展的重要原因。

5.2.2.1　振动出矿机的主要特征

振动出矿是通过振动出矿机对矿岩散体进行强力振动，并部分借助矿石的重力势能而实现矿流平稳、连续、易控的强制出矿。振动出矿机是振动出矿系统的关键设备。在我国振动出矿机已广泛应用于各类采矿方法的采场、主溜井、矿仓及选矿厂给矿，以及有关的其他工业部门。振动出矿机具有以下特点。

（1）兼有破拱、出矿、关闭作用。重力放矿过程中常发生矿石卡堵塞现象，从而影响出矿或发生跑矿。普通漏斗出矿，处理漏斗堵塞所费的时间一般占作业班时间的25% ~ 35%，加上出矿过程中调车和等车的时间损失，实际每班的出矿时间只占 $\frac{1}{4}$ ~ $\frac{1}{3}$，甚至更少。

采用振动出矿机出矿是借振动实现破拱和出矿。当振动停止，矿石立即停止卸出。因此该类设备兼有破拱、出矿、关闭三大功能，无须另加破拱助流装置，也不必再安装漏斗闸门，既节省了设备和能耗，又简化了操作。

（2）矿流松散、连续、均匀。振动出矿是靠振动将溜井内的松散矿石诱导活化成流态，使矿石的流动性增大，很大程度上提高了大块在出矿过程中的通过性，使矿石膨松后呈群流状态连续均匀地放出，直到停机或卸空，从而使矿流连续、均匀、易控。

（3）破拱助流能力强。振动出矿机将振动能传递给溜井内的矿石，在适宜的振频下诱导矿石颗粒活化，降低了导致破拱助流的颗粒之间的摩擦力和内聚力，使矿石顺利下移，不易结拱；同时，振动还可以破坏已有的拱。

（4）振动出矿机是将激振器或振动电机固定在振动台面的底部，没有减速器等传动装置，因而具有结构简单、制造容易、造价低廉、安装操作简便、运行可靠、维修方便等优点。

（5）振动出矿机的质量一般为数百千克，功耗较小。

实践证明，与气动闸门、板式给矿机及电动闸门等传统的放矿设备相比较，振动出矿机具有许多明显的优越性；尽管其机动性差、需用台数多、安装工作量较大、作业过程中需部分借助矿石重力势能、应用条件受到一定限制，但其设备费用较低、维修简便，在定点集中出矿作业的条件下，最有利于发挥其效能。其放出矿流连续、均匀、易控，有利于实现连续作业工艺，因而见效快，易于推广。

5.2.2.2 振动出矿机的基本结构

振动出矿机是一种埋设在松散矿岩下面的强力振动机械，图5-7所示为我国早期使用的 TZ 型振动出矿机的结构和安装示意图。

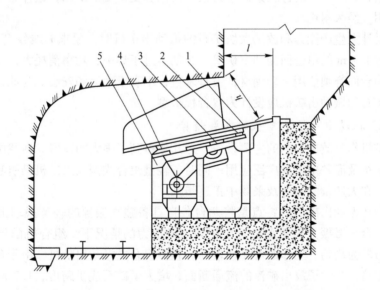

图 5-7 TZ 型振动出矿机的结构和安装示意图
1—振动台面；2—弹性元件；3—惯性激振器；4—电动机及弹性电机座；5—机架

根据所放矿岩的性质和工作条件，要求的生产能力和工艺效果的不同，可以设计出各种类型的振动出矿机。但用于金属矿山的振动出矿机的基本结构都是相似的，主要由振动台面、机架、激振器和弹性系统等组成。

A 振动台面

振动台面承受上部矿石的压力，向台面上的矿石传播振能，活化矿石，使台面上的矿石获得较好的流动性，从而实现高效和稳定的强制出矿。振动台面是由机架支承的，底板下安装有激振器的工作机构。

B　激振器

激振器是使台面产生振动的驱动源，是决定振动出矿机性能和出矿效率的主要部件之一。激振器可分为单轴惯性激振器和双轴激振器两种。

（1）单轴惯性激振器。它是应用最多的一种激振器。其结构简单，用三角皮带传动，可以通过改变传动比来获得所需要的振动频率。为了进一步简化结构，很多振动出矿机上采用了电动机与激振器偏心体合一的振动电机，省去了三角皮带的传动部分，提高了机械效率，但振频只能由振动电机的转速而定。

（2）双轴激振器。该种激振器多应用于大型的振动出矿机。其结构复杂，一般由箱体、轴、轴承、齿轮和偏心体组成。由于转速较高，箱体内的齿轮传动需要润滑，其维护工作量较大。

C　弹性系统

弹性系统由若干弹性元件合理布置在台面与机架之间，对机架起缓冲隔离作用，防止机架与台面的刚性碰撞。其对台面有蓄能助振作用，为台面产生稳定的振幅提供条件。弹性元件通常为金属弹簧或橡胶条。金属弹簧易折断，台面受压很大，更换较困难，故现在多采用橡胶条；连续布置的橡胶条位于台板的两侧和受矿端的下面，这样布置的橡胶条可起到密封作用，经久耐用。

此外，设计大生产能力和放出大块矿石的振动出矿机时，要求眉线较高、台面较宽。台面宽度超过1.4 m的单台面振动出矿机，其动力过于集中，功率消耗大，需要结构的强度高，机架和台面都须使用重型钢材，设备笨重，不利于搬运和安装。为此，大生产能力和放出大块矿石的振动出矿机应设计为双台板机型。

5.2.2.3　振动出（给）矿机的发展趋势

振动出矿机作为放矿工艺的主要设备，近几年得到了很大的发展。在我国，颤振型振动出矿机在采场及溜井中得到广泛应用；同时，轻型组合式振动出矿机已引起矿山和研究人员的关注，在大产量的溜井及采场中正逐步推广。

轻型组合式振动出矿机的特点是将两台各自具备独立振源的轻型振动出矿机结合使用，以取代一台大激振力的重型机。在相同出矿能力的情况下，组合机的质量轻、功率小、动力分布较为均匀、工作的可靠性较高。轻型组合式振动出矿机，由于台面宽度比普通机型增加1倍，扩大了放出矿流的流通断面，增大了矿石成拱跨度，1.2 m的大块及黏性粉矿均能顺利放出。因此，它是一种适合于大量落矿采矿法和大产量主溜井的机型，具有较为广阔的应用前景。

纵观近年来振动出矿机的发展，主要有以下趋势。

（1）机型繁多，但基本上属于单质体超共振惯性振动出矿机。该类出矿机不但结构简单，而且在变负荷的情况下，工作状态稳定，适于井下恶劣的作业环境。

（2）普遍采用惯性激振器激振，其中单轴惯性激振器已基本上被振动电机所取代；双轴惯性激振器在产量大、粉矿多等特殊作业条件下也获得一定程度的应用；三轴和四轴惯性激振器的结构则更为复杂。

（3）为了提高设备的可靠性和简化机型结构，现有振动出矿机已大多采用橡胶弹性元件，而较少采用弹簧。国内机型多采用橡胶条作弹性系统兼密封系统，结构紧凑且安装方便。

（4）振动台面的焊接结构，普遍加强了激振器安装部位的刚度和纵向整体刚度，提高了矿石的输送效果和振动出矿机的使用寿命。

（5）为了减小振动出矿机的外形尺寸，减轻质量，使之易于搬运和安装，新机型的机架均设计得较为低矮，结构紧凑。

（6）由于对振动出矿机理的认识普遍提高，采用大功率振动出矿机的情况已逐渐减少，能适应相关条件的较低功率振动电机激振的振动出矿机被普遍采用，设备的功率匹配更趋合理。

（7）轻型组合式振动出矿机在溜井和采场中正逐步推广。用组合机取代重型机有利于降低装备功率，提高设备工作的可靠性。

（8）振动出矿机的标准化系列化已取得了显著成绩。我国以颠振型为标准机型，普遍采用振动电机激振，橡胶作弹性元件，结构紧凑、质量轻，性能上也达到了较高的水平，为振动出矿技术的推广打下了良好的物质基础。

振动出矿机在溜井和采场中已经得到广泛应用，在矿仓中也正逐步推广。目前，矿仓用的除单一给料功能机型外，带破拱架型和振动给矿筛洗型也具有很大的发展前景。

5.2.2.4 振动出（给）矿机存在的问题

目前国内振动出矿机型号很多，但是机型相对单一，还不能满足各种工艺条件的要求，具体表现如下。

（1）就振动机种类而言，目前型号虽多，但未脱离比较单一的模式，通常不论生产能力的大小，物料性质的差异和工艺条件的不同，均采用类似的结构和参数。

（2）就振动出矿机结构而言，目前基本上采用单一系列模式，未能出现一些特殊功能的机型，例如自移式振动出矿机、可拆式振动出矿机、定向振动台面与溜板组合的分节式振动出矿机、变台面倾角振动出矿机等。

（3）就振动出矿机的适用范围而言，目前振动出矿机均为适用区域（固定出矿点）作业条件的机型，而端部出矿（移动出矿点）作业条件的机型在国内还是空白。

5.3 振动放矿的应用

振动放矿技术自20世纪80年代以来在我国得到迅速的发展，在有色金属、黑色金属、化工、建材、水利、航运、交通等部门得到推广应用。振动放矿技术开发利用范围正在逐步扩大。80年代末，我国开始研究各种出、装、运联合机组，并取得显著成绩。组成联合机组的设备有，振动机、胶带运输机、振动运输机、振动转载机和振动筛等。各类连续作业机组的出现，为形成地下采矿机械化和连续作业系统提供了基础。

5.3.1 振动放矿在溜井中的应用

溜井是指利用自重从上往下溜放矿石的巷道，广泛应用于垂直运输系统中，在矿山生产中占有很重要的地位。溜井也是放矿运输中的一个重要环节，对矿山产量和矿床开采的技术经济指标有很大影响。在溜井的放矿过程中，根据矿石的流动规律和溜井断面上矿石垂直下降速度分布，大致可分为畅流区 A、过渡区 B 和滞流区 C，如图 5-8 所示。

（1）畅流区 A。此区域内矿石位于流动带的轴线部位，矿石垂直下降，没有水平方向的位移。如果溜井直径和大块直径合理时，矿石在这区段一般不发生堵塞。

（2）过渡区 B。此区域内矿石是全断面整体流动带，由于放矿口位于溜井一侧，流动轴线发生了偏斜，沿流动轴线的矿石流动速度快，靠近井壁的矿石流动速度逐渐减慢，因此，矿石产生了垂直和水平方向的移动，出现移动平衡拱，但未改变全断面整体流动的性质，有效断面没有减小，不易出现稳定的平衡拱，故一般不产生矿石的堵塞现象。

（3）滞流区 C。此区域内矿石在下降过程中，小块矿石和粉矿在大块之间渗漏，因此，在放矿口之上的松动体边界之外，形成了一个粉矿堆积体。由于堆积体的存在，使下降矿石的流动断面逐渐收缩，边壁附近的垂直下降速度减慢，水平方向的移动加剧，这样，导致大块自然分级，并向轴线集中，越往下这种现象越明显，大块成拱或小块结拱的概率越大，溜井口也不断出现堵塞。

国内采场溜井放矿中，广泛使用振动机放矿，取得了良好的技术经济效果。采用振动机放矿，有利于消除堵塞，放矿生产能力提高 1～2 倍。在采场溜井中放矿时，振动机可以拆迁重复使用。振动机所耗费用比压气闸漏斗低 37%，比混凝土漏斗或木制漏斗也低，因此，在溜井中使用振动机放矿是一个最佳方案。

主溜井放矿使用振动机是一项重大的改革，我国研制成功的双台面并联振动机，成功地为大流量主溜井实现振动放矿提供可能。该机在直径 3.6 m 的溜井中使用，由于振动机台板的宽度增大，放矿口处的矿石流动断面达到溜井断面的 27%～32%，基本消除了堵塞现象。振动机一次能装矿两车，比单台振动机的放矿能力提高 3 倍以上，达到了重型振动给矿机的放矿能力。

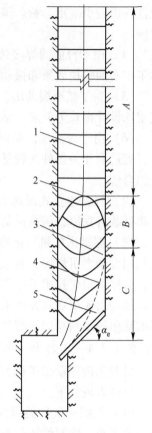

图 5-8　溜井中矿石
散体运动规律
1—流动轴线；2—松动体顶点；
3—粉矿堆积线最高点；
4—粉矿堆积线；
5—粉矿堆积体

5.3.2　振动放矿在采矿方法中的应用

为了进一步提高矿床开采效果，完善各种采矿方法。振动出矿机已在采场逐步推广使用，改变了采场放矿的落后面貌，提高了采场放矿的质量和产量，显示了振动放矿的优势。同时，与振动放矿相适应的采矿方法相继出现，引起了采矿方法的变革，促进了回采工艺的发展。

实践证明，振动机使用在采矿方法中，具有很多优点，采场振动放矿效率高达 400～1400 t/d，有利于实现集中强化开采。同时，可以提高阶段高度，增大矿房矿量，降低采矿成本，大幅度提高大块的通过能力，减少放矿的堵塞次数，降低二次破碎的炸药消耗量，改善放矿条件。振动放矿的劳动生产率与电耙运搬相比，一般提高 2～4 倍，其搬运成本降低 $\frac{1}{2}$。振动放矿能简化采场底部结构，使放矿水平与运输水平合一，这不但减少了采切工程，而且有利于提高采切工作的机械化水平，缩短了矿块的准备周期。振动出矿能有效地控制放矿量，使矿岩接触面呈整体下降，减少了矿石的贫化，提高了矿石的回收率。振动机易制作，设备费用低，作业安全，能源消耗少，能实现放矿、搬运和装载的连续作业。

由于振动放矿采矿法具有上述优点，因此，在未来的矿床开采中，振动采矿方法将会得到进一步的发展。采场使用振动机后，放矿强度大幅度上升，展示了地下矿山实现连续采矿的广阔前景。

5.3.3 振动放矿下的采场连续放矿技术

由于振动放矿在采矿方法中的成功使用，为实现采场连续放矿提供了可能。采场连续放矿是采矿技术的重大研究课题，其先决条件是，创造与采场连续放矿相适应的采矿方法，研制与采矿系统相适应的连续作业机组。为了保证矿床开采连续放矿具有高效而稳定的生产能力，形成整体功能最佳的连续作业系统，采矿方法起着决定性的作用。

与连续放矿相适应的采矿方法，首先，要实现一步骤回采，使回采工作面沿阶段连续展开，这样能减少机组的搬迁，避免回采时矿柱带来的困难，减少回采过程中因地压应力集中所引起的不良后果，形成连续推进的格局。其次，运用大深孔爆破，提高采场的合格块度尺寸，出现了由分段崩矿向阶段崩矿过渡的高阶段或双阶段回采方法的新方案，这就有利于控制大块的产出，也能增大合格块度尺寸，并把传统的二次破碎工作转移到采场以外的机械破碎站，减少二次破碎对生产的干扰，形成稳定的持续的工作条件，以保证连续作业系统的安全，形成连续回采的格局。

在采矿连续作业的生产过程中，放矿和运矿是前后两个工序，因此，选择可靠、经济、高效的连续放矿和运矿设备，对实现连续采矿具有决定性意义。就连续放矿设备而言，一般采用振动机和装载机，而连续运输设备，曾经试验的有带式、链式、板式和振动式的运输设备。短距离运输的设备有振动运输机和胶带运输机。长距离的连续运输设备，只有胶带运输机可行。

采场连续放矿的保证条件是具有与连续作业设备相应的矿石块度。实践证明，合格大块尺寸的大小是影响连续作业系统可靠性和经济性的重要因素，因此，块度尺寸是连续放矿的先决条件。一般来说，在崩落矿石块度不超过 200～400 mm 的条件下，用普通胶带运输机作为连续运输设备是可行的。但是，大量崩矿的矿石要破碎到这样的程度，在当前技术条件下较难实现，因此，在连续作业系统中，作为振动机的直接后续设备，只能采用特殊胶带运输机，而普通胶带运输机用于主要运输巷道的长距离输送粗碎后的矿石，这样一来，在连续作业系统中就有必要考虑大块的处理设施，即在采场外合理布置固定的或移动的机械二次破碎站，破碎后的矿石再用长距离运输机运至矿仓或地面。

采场放矿运矿连续作业线的研制，使大量崩矿和出矿运输两个主要地下开采环节实现连续化，为地下矿山实现强化开采和合理集中作业开辟了新途径，改变了地下开采的面貌，对采矿工业的发展起了重要作用。

课程思政

放矿领域专家学者介绍

王家臣，男，中国矿业大学教授。提出了散体介质流理论，将散体介质流模型运用到顶煤冒放中，建立煤岩分界面、顶煤放出体、顶煤采出率和混矸率及其相互关系的 BBR 体系，提出了受支架尾梁切割的变异椭球体理论。

习题与思考题

5-1　论述振动放矿与重力放矿的主要区别。

5-2　粉矿结拱的条件是什么，如何破拱？

5-3　简述振动对放出体积的影响。

5-4　论述振动出矿机的工作原理及振动出矿机的特点。

5-5　绘图说明溜井中矿石散体的运动规律。

6 放 矿 实 验

放矿实验是研究放矿理论的基本方法，已有的放矿理论也基本是建立在放矿实验的基础之上的，而放矿理论方程中所涉及的参数也需要通过放矿实验获得。同时，已有的放矿理论并不是十分完善，无法解决采矿工程复杂环境下所有的放矿问题，此时仍需要借助放矿实验来解决遇到的各种问题。

放矿实验可以分为物理模拟实验、数值模拟实验、采矿现场实验。最常用的是物理模拟实验，经过物理模拟实验测得放矿理论中未知参数（如偏心率 ε），即可应用已有的放矿理论知识来解决工程问题，同时测得的一些参数也可以作为数值模拟实验中微观参数标定的基准。而对于目前放矿理论仍无法解决的放矿问题，可以通过物理模拟实验、数值模拟实验掌握具体条件下的散体运动规律，研究相关的放矿问题。当然，无论是物理模拟实验还是数值模拟实验，取得的结果或者获得的相关规律都需要由采矿现场实验加以验证，而采矿现场实验还可为物理模拟实验和数值模拟实验提供原始资料，因此通常在放矿研究工作中需要综合应用多种方法。

6.1 物理模拟放矿实验

基于相似理论，在与现场放矿系统几何和力学相似的基础上，使实验室模型放矿过程与现场放矿过程达到近似物理相似的实验，称为物理模拟实验。用这种方法可以研究放矿过程中的散体运动规律、放矿过程中的损失和贫化、采场底柱上压力显现规律，以此优选和改进采矿结构参数和放矿制度等问题。在模型中用崩落矿岩散体进行的放矿实验，称为重力放矿实验；在重力放矿实验模型的放出口安装模拟振动放矿装置，研究振动作用下的放矿过程，称为振动放矿实验；用相似材料模拟矿体，经过模拟爆破崩落矿体后再进行放矿实验，称为爆破模拟放矿实验。本章主要讲述第一种实验方法。

6.1.1 物理模拟放矿模型

根据研究问题性质不同，放矿模型分为单体模型、平面模型和立体模型三种。

（1）单体模型。单体模型下部只有一个放出口。它研究单一放出口放矿时散体的运动规律、放出体参数及发育过程、矿石损失和贫化发生的机理等问题。它的模拟范围小，可用较大的模拟比，多次重复实验，可取得比较精确的数据。在模型料箱上装透明材料（如亚克力、玻璃、有机玻璃、钢化玻璃等），可观察放出体各剖面上的变化。

（2）平面模型。平面模型正面一般装有透明材料，下部有一系列放出口。透明材料壁一般是沿采场放出口、回采巷道出矿口中心或侧壁的一个切面布置。用这种模型可以研究多放出口放矿时沿放出口中心或侧壁切面上散体的运动规律以及矿石损失和贫化等问题。放矿实验时，直接通过透明材料壁观察、描绘或摄影记录标志颗粒或标志层的运动过程。

（3）立体模型。立体模型的结构与平面模型近似，只是按模拟采场参数将放矿箱体加厚，正面不一定要透明玻璃壁。这类模型模拟整个或部分采场的放矿过程，研究整个或部分采场在不同放矿制度下的各种放矿问题，它能获得整个采场的损失和贫化综合指标。这类模型实验工作量大，实验技术复杂，一些模拟技术还有待解决。

根据模型实验的作用可将放矿模型分为两类，一类是实验性模型，是研究生产问题时经常使用的模型，模拟比常为 1∶50；另一类是验证性模型，用于验证模型实验的相似条件、优选放矿方案等，它用较大或较小的模拟比，为 1∶20 和 1∶100 等。

6.1.2　物理模拟放矿实验的相似条件

在实验室进行重力放矿、振动放矿或爆破模拟放矿实验时，都应满足模型与实物的几何相似以及影响实验结果的主要物理量的物理相似。只有这样，才能把现场放矿过程按一定比例缩小，放在实验室内进行研究，然后将研究结果按同样比例放大，得到现场放矿效果。因为放矿过程的力学问题尚未十分清楚，所以放矿模型实验的力学相似条件问题仍没有得到满意的解决。

6.1.2.1　放矿模型实验相似条件

由于采矿现场放矿系统无法在实验室还原，因此需借助相似理论来设计实验室放矿系统，从而探讨散体运动规律、解决放矿和采矿工程现场相关问题。

相似理论分析是一种借助实验室实验分析，从而解决现场问题的有效方法。这里的相似是指实验室模型和现场真实系统相对应物理量的相似，比通常所说的几何相似概念更为广泛。根据相似理论，若现场放矿和实验室模型放矿两个系统相似，应满足下列条件。

（1）两个系统相互对应的几何尺寸的比值和物理量的比值为一常数。如以 l_1、l_2、l_3，…，l_n 表示实物尺寸，以 $\bar{l}_1$、$\bar{l}_2$、$\bar{l}_3$，…，$\bar{l}_n$ 表示物理模型相对应的尺寸。以 K_1、K_2、K_3，…，K_n 表示实物的物理量，以 $\bar{K}_1$、$\bar{K}_2$、$\bar{K}_3$，…，$\bar{K}_n$ 表示物理模型相对应的物理量，则：

$$\frac{l_1}{\bar{l}_1} = \frac{l_2}{\bar{l}_2} = \frac{l_3}{\bar{l}_3} = \cdots = \frac{l_n}{\bar{l}_n} = C_l \qquad (6\text{-}1)$$

$$\frac{K_1}{\bar{K}_1} = \frac{K_2}{\bar{K}_2} = \frac{K_3}{\bar{K}_3} = \cdots = \frac{K_n}{\bar{K}_n} = C_k \qquad (6\text{-}2)$$

C_l 和 C_k 称为相似常数，也就是模型模拟实物的模拟比。这一相似条件也可说成二现象相似，则相似常数相等。

（2）各相似常数之间要遵守一定的关系，这一关系是由反映该系统的物理方程式表示的。等于 1 的相似常数的关系式叫相似指示数，由相似指示数换算的各物理量之间的关系式等于一个定数。等于定数的各物理量之间的关系式叫相似准数或相似判据，相似判据是一个无量纲的综合数群。在相似关系式中只能任意选择其中的一部分相似常数，其他相似常数由相似关系式决定。这一相似条件也可以称为二现象相似，则相似指示数等于 1 或相似判据等于一个定数。

（3）物理过程的进行常与过程的开始状态有关，研究的系统也常受周围条件的影响。

因此除上述两个条件外，还要求起始条件和边界条件相似。

实现实际生产中复杂的工程系统遵守上述所有的相似条件往往是极其困难的，在采矿工程问题上也不例外。即使尽力保证模拟相似条件，但模型实验结果总是与现场实际条件有出入。如放矿模拟实验，不少现场实际条件是复杂变化和难以得到的。因此一般采用近似相似的方法，忽略影响较小的物理量，尽量使起主要作用的物理量相似，使实验结果与实际大致相同，不产生本质的差别。在实验过程中应检验相似程度，校正实验结果，估计实验结果的偏差。

6.1.2.2 重力放矿模型实验的相似条件

A 有关的相似常数或模拟比是一常量

重力放矿是散体自放矿口流出时借助于重力作用的流动过程。影响这一放出过程的因素有几何尺寸 l、松散体承受的压力 F、正应力 σ、剪应力 τ、黏聚力 c、内摩擦角 φ、外摩擦角 φ_w、散体的容重 γ_s 或密度 ρ、质量 m、颗粒运动速度 v，加速度 x，位移 S 和时间 t。

如以带横线的符号表示模型中的量，以不带横线的字母代表实物的量，则相应的相似常数可由下式求出：

$$\left.\begin{array}{llll} \dfrac{l}{\overline{l}} = C_l, & \dfrac{F}{\overline{F}} = C_F, & \dfrac{m}{\overline{m}} = C_m, & \dfrac{\gamma_s}{\overline{\gamma}_s} = C_\gamma \\[3mm] \dfrac{\rho}{\overline{\rho}} = C_\rho, & \dfrac{\sigma}{\overline{\sigma}} = C_\sigma, & \dfrac{\tau}{\overline{\tau}} = C_\tau, & \dfrac{c}{\overline{c}} = C_c \\[3mm] \dfrac{v}{\overline{v}} = C_v, & \dfrac{X}{\overline{X}} = C_x, & \dfrac{t}{\overline{t}} = C_t, & \dfrac{\varphi}{\overline{\varphi}} = C_\varphi, \quad \dfrac{\varphi_w}{\overline{\varphi}_w} = C_{\varphi_w} \end{array}\right\} \quad (6\text{-}3)$$

由式 (6-3) 可得：

$$\left.\begin{array}{llll} l = C_l \overline{l}, & F = C_F \overline{F}, & m = C_m \overline{m}, & \gamma_s = C_\gamma \overline{\gamma}_s \\[2mm] \rho = C_\rho \overline{\rho}, & \sigma = C_\sigma \overline{\sigma}, & \tau = C_\tau \overline{\tau}, & c = C_c \overline{c} \\[2mm] v = C_v \overline{v}, & X = C_x \overline{X}, & t = C_t \overline{t}, & \varphi = C_\varphi \overline{\varphi}, \quad \varphi_w = C_{\varphi_w} \overline{\varphi}_w \end{array}\right\} \quad (6\text{-}4)$$

B 推导相似常数关系式

如现场放矿和模型放矿两个系统相似，则表示散体介质运动状态方程必定相同。列出实物和模型的两组方程，即：

$$\left.\begin{array}{l} X - \dfrac{1}{\rho}\left(\dfrac{\partial \sigma_x}{\partial x} + \dfrac{\partial \tau_{xy}}{\partial y}\right) = \dfrac{\partial v_x}{\partial t} + v_x \dfrac{\partial v_x}{\partial x} + v_y \dfrac{\partial v_x}{\partial y} \\[3mm] Y - \dfrac{1}{\rho}\left(\dfrac{\partial \sigma_y}{\partial y} + \dfrac{\partial \tau_{xy}}{\partial x}\right) = \dfrac{\partial v_y}{\partial t} + v_x \dfrac{\partial v_y}{\partial x} + v_y \dfrac{\partial v_y}{\partial y} \\[3mm] (\sigma_x - \sigma_y)^2 + 4\tau_{xy}^2 = \sin^2\varphi (\sigma_x + \sigma_y + 2c\cot\varphi)^2 \end{array}\right\} \quad (6\text{-}5)$$

$$\left.\begin{array}{l} \overline{X} - \dfrac{1}{\overline{\rho}}\left(\dfrac{\partial \overline{\sigma}_x}{\partial \overline{x}} + \dfrac{\partial \overline{\tau}_{xy}}{\partial \overline{y}}\right) = \dfrac{\partial \overline{v}_x}{\partial \overline{t}} + \overline{v}_x \dfrac{\partial \overline{v}_x}{\partial \overline{x}} + \overline{v}_y \dfrac{\partial \overline{v}_x}{\partial \overline{y}} \\[3mm] \overline{Y} - \dfrac{1}{\overline{\rho}}\left(\dfrac{\partial \overline{\sigma}_y}{\partial \overline{y}} + \dfrac{\partial \overline{\tau}_{xy}}{\partial \overline{x}}\right) = \dfrac{\partial \overline{v}_y}{\partial \overline{t}} + \overline{v}_x \dfrac{\partial \overline{v}_y}{\partial \overline{x}} + \overline{v}_y \dfrac{\partial \overline{v}_y}{\partial \overline{y}} \\[3mm] (\overline{\sigma}_x - \overline{\sigma}_y)^2 + 4\overline{\tau}_{xy}^2 = \sin^2\overline{\varphi} (\overline{\sigma}_x + \overline{\sigma}_y + 2\overline{c}\cot\overline{\varphi})^2 \end{array}\right\} \quad (6\text{-}6)$$

式中 $X, Y, \overline{X}, \overline{Y}$——实物和模型重力加速度在 x 和 y 轴方向的分量；

$\sigma_x, \sigma_y, \overline{\sigma}_x, \overline{\sigma}_y$——实物和模型中 x 和 y 轴方向的正应力分量；

$\tau_{xy}, \overline{\tau}_{xy}$——实物和模型中 x 和 y 轴方向的剪应力分量；

$v_x, v_y, \overline{v}_x, \overline{v}_y$——实物和模型中 x 轴和 y 轴方向的速度分量；

$\rho, \overline{\rho}$——实物和模型中散体的密度；

$c, \overline{c}$——实物和模型中散体的黏聚力；

$\varphi, \overline{\varphi}$——实物和模型中散体的内摩擦角。

以式（6-4）模型中各物理量与相似常数的乘积代入式（6-5）实物各物理量中，得：

$$C_x\overline{X} - \frac{C_\sigma}{C_\rho C_l \overline{\rho}}\left(\frac{\partial\overline{\sigma}_x}{\partial\overline{x}} + \frac{\partial\overline{\tau}_{xy}}{\partial\overline{y}}\right) = \frac{C_v}{C_t}\frac{\partial\overline{v}_x}{\partial\overline{t}} + \frac{C_v^2}{C_l}\left(\overline{v}_x\frac{\partial\overline{v}_x}{\partial\overline{x}} + \overline{v}_y\frac{\partial\overline{v}_x}{\partial\overline{y}}\right)$$
$$C_x\overline{Y} - \frac{C_\sigma}{C_\rho C_l \overline{\rho}}\left(\frac{\partial\overline{\sigma}_y}{\partial\overline{y}} + \frac{\partial\overline{\tau}_{xy}}{\partial\overline{x}}\right) = \frac{C_v}{C_t}\frac{\partial\overline{v}_y}{\partial\overline{t}} + \frac{C_v^2}{C_l}\left(\overline{v}_x\frac{\partial\overline{v}_y}{\partial\overline{x}} + \overline{v}_y\frac{\partial\overline{v}_y}{\partial\overline{y}}\right) \quad (6\text{-}7)$$
$$C_\sigma^2(\overline{\sigma}_x - \overline{\sigma}_y)^2 + C_\tau^2 4\overline{\tau}_{xy}^2 = C_\sigma^2\sin^2 C_\varphi\overline{\varphi}\left(\overline{\sigma}_x + \overline{\sigma}_y + 2\frac{C_c}{C_\sigma}\cot C_\varphi\overline{\varphi}\right)^2$$

比较式（6-7）和式（6-6）可见，式（6-7）中各项前由相似常数组成的系数应相等。将式（6-7）的第 2 式各项同除以 C_x，第 3 式同除以 C_σ^2，即可得到下列相似指示数：

$$\frac{C_\sigma}{C_x C_\rho C_l} = 1, \quad \frac{C_v}{C_x C_t} = 1, \quad \frac{C_v^2}{C_x C_l} = 1, \quad \frac{C_t}{C_\sigma} = 1, \quad \frac{C_c}{C_\sigma} = 1, \quad C_\varphi = 1 \quad (6\text{-}8)$$

重力放矿中，重力加速度对实物和模型相等，即 $C_x = 1$。又由容重 γ_s 是密度与重力加速度的乘积，即 $\gamma_s = \rho g$，重力加速度相等，则 $C_\gamma = C_\rho$。将这些关系式代入式（6-8）的相似指示数中，得：

$$\frac{C_\sigma}{C_x C_\rho C_l} = \frac{C_\sigma}{C_\rho C_l} = \frac{C_\sigma}{C_\gamma C_l} = 1 \quad (6\text{-}9)$$

将实物和模型的物理量代入相似指示数中，加以转换即可求得相似判据：

$$\frac{C_\sigma}{C_\gamma C_l} = \frac{\dfrac{\sigma}{\overline{\sigma}}}{\dfrac{\gamma_s}{\overline{\gamma}_s}\dfrac{l}{\overline{l}}} = 1$$

$$\frac{\sigma}{\gamma_s l} = \frac{\overline{\sigma}}{\overline{\gamma}_s \overline{l}} = 定数 \quad (6\text{-}10)$$

由式（6-8）和式（6-9）可得下列重力放矿相似关系式：

$$C_\sigma = C_\tau = C_c = C_\gamma C_l \quad (6\text{-}11)$$

由式（6-8）两个有速度相似常数的相似指示数得：

$$C_v = C_t \quad (6\text{-}12)$$

$$C_v = \sqrt{C_l} \quad (6\text{-}13)$$

将这两个关系式合并得另一个重力放矿相似关系式：

$$C_v = C_t = \sqrt{C_l} \quad (6\text{-}14)$$

加上式（6-8）中的 $C_\varphi = 1$，得重力放矿模型实验的一组相似关系式：

$$\left.\begin{array}{l} C_\sigma = C_\tau = C_c = C_\gamma C_l \\ C_v = C_t = \sqrt{C_l} \\ C_\varphi = 1 \end{array}\right\} \tag{6-15}$$

由上述一组基本相似关系式，用量纲转换的方法可推导出其他物理量的相似关系式。如力 $F = \sigma l^2$，由量纲转换可得：

$$C_F = C_\gamma C_l C_l^2 = C_\gamma C_l^3 \tag{6-16}$$

上述相似关系式规定的相似条件，在重力放矿模型上是难于完全满足的。重力放矿模拟实验时，几何相似常数即模拟比，是根据实验的要求选定的，它可以根据实验要求自由选取。模拟松散材料也是根据实验要求选取的。模拟松散材料一经选定，密度 ρ 或容重 γ_s、内摩擦角 φ 和黏聚力 c 也就选定了，这时的 C_γ、C_φ、C_c 应满足式（6-15）相似关系式要求。为了使 $C_\varphi = 1$，在做模型实验时，选取与现场崩落矿岩大致相同的碎岩石和碎石做模拟松散材料，但这时模型松散材料的黏聚力 $\bar{c}$ 也和实物相同，即 $C_c = 1$。由 $C_c = C_\gamma C_l = 1$，得：

$$C_\gamma = \frac{1}{C_l}$$

$$\bar{\gamma}_s = \gamma_s C_l \tag{6-17}$$

式（6-17）说明当用与实物相同的松散材料时，由于黏聚力相等，它的容重应增加 C_l 倍才能满足相似条件，这在重力放矿模型上是无法达到的。即按相似条件，重力模型放矿用与现场相同的矿岩材料做模拟松散材料时，它的黏聚力和其他强度指标应大于模型要求，或者说容重小于要求。但是，通常研究的放矿问题，多数情况下崩落矿岩的黏聚力较小，同时崩落矿岩块本身在放出过程中基本上不发生变形和破坏，因此黏聚力和强度不符合相似条件，对实验结果没有显著影响。此外，模型的装填松散系数一般大于采场崩落矿岩的实际松散系数，对黏聚力的影响也有一定的补偿。实践证明，重力放矿模型实验和在离心实验机上进行的放矿模型实验得到的结果是一致的。重力放矿模型实验也证明，一定松散材料的放出体参数与覆盖岩石厚度基本没有关系。

因此可以应用与现场崩落矿岩类似的松散材料做模拟材料，同时满足内摩擦角相等、几何相似两个条件，达到重力放矿模型实验的近似或相似，以用来研究各种放矿问题。

目前尚缺乏用于测定较大块度矿岩的仪器设备，对崩落矿岩散体内摩擦角的测定更加困难，而且内摩擦角还随矿岩粒级组成和松散系数变化。此外，即使模型中应用现场真实崩落的矿岩碎块做模拟材料，模型装填松散程度也难与现场一致。这些都难以完全满足内摩擦角相等这一相似条件。有人建议用自然安息角代替内摩擦角，但实验证明自然安息角随测定方法和测定条件有较大变化，难以得到准确的数据。为了克服相似存在的问题，可以用下面一些检验模型来求证实验的相似性。

这些求证检验方法的共同基础是：当用重力放矿模型研究放矿过程的矿石损失贫化指标时，其结果主要取决于放出体发育过程和放出体的几何形状和参数。如果现场崩落矿岩的放出体形状、参数和发育过程，与模型模拟松散材料的放出体形状、参数和发育过程几何相似，那么模型的放矿过程就与现场相似。如果在放矿的某一阶段现场和模型放出体几何相似，则这一阶段两者的放矿过程相似。根据这一原则，除实物和模型结构参数几何相似外，提出下列三个检验放矿过程相似的条件。

（1）现场崩落矿岩与模型模拟松散材料的放出体偏心率相等，以及放出体有关的参数几何相似，即：

$$\left. \begin{array}{l} \overline{\varepsilon} = \varepsilon \\ \dfrac{\overline{d}}{d} = \dfrac{\overline{h}}{h} = \sqrt[3]{\dfrac{\overline{Q}}{Q}} = C_l \\ \overline{\theta} = \theta \end{array} \right\} \tag{6-18}$$

式中　$\overline{\varepsilon}$，ε——模型和实物的放出体偏心率；

　　　$\overline{d}$，d——模型和实物的放矿漏口尺寸，m；

　　　$\overline{h}$，h——模型和实物的放出体高度，m；

　　　$\overline{Q}$，Q——模型和实物的放出体的体积，m^3；

　　　$\overline{\theta}$，θ——有端壁限制时模型和实物放出体轴偏角，（°）。

（2）崩落矿岩与模拟松散材料的放出体长短半轴比相等，与放出体有关的参数几何相似，即：

$$\left. \begin{array}{l} \overline{m} = m \\ \dfrac{\overline{d}}{d} = \dfrac{\overline{h}}{h} = \sqrt[3]{\dfrac{\overline{Q}}{Q}} = C_l \\ \overline{\theta} = \theta \end{array} \right\} \tag{6-19}$$

式中　$\overline{m}$，m——模型和实物放出体长短半轴比。

（3）崩落矿岩和模拟松散材料的塌落漏斗几何相似，即：

$$\frac{\overline{d}_t}{d_t} = \frac{\overline{Z}_t}{Z_t} = \frac{\overline{h}}{h} = \frac{\overline{d}}{d} = C_l \tag{6-20}$$

式中　$\overline{d}_t$，d_t——模型和实物放出漏斗直径，m；

　　　$\overline{Z}_t$，Z_t——模型和实物放出漏斗深度，m。

如果现场有留矿法采场或其他能够观察到放出漏斗的条件，可以用这个相似条件。由现场实验或类似条件的矿山得到放出体的偏心率或长短半轴比，由实验室单体实验得到模拟松散材料的放出体偏心率或长短半轴比。调整模拟松散材料的粒级组成和改变它的松散系数，可使模拟松散材料与现场崩落矿岩的放出体偏心率或长、短半轴比值相等。这种条件下的现场和模型放出体的高度或长、短半轴比，就是模型实验应采用的模拟比。

如果计算得到的几何模拟比与要求的几何比相差较大，则需重新调整材料的粒级组成及松散系数。如果希望模型实验按一定的模拟比 C_l 进行，则选配松散材料时，应在保证 $\overline{m} = m$ 的条件下，满足 $\dfrac{\overline{h}}{h} = \dfrac{\overline{d}}{d} = C_l$ 的要求。

改变模拟松散材料的粒级配比和松散系数，则放出体的参数也随之改变。在实验室选配不同粒级配比和松散系数的松散材料，做单体模型实验，得出一组 $\overline{m}^2 = f(\overline{h})$ 关系直线后，即可按上述方法达到按某一几何模拟比来满足实验的要求，使放矿模型实验近似相似。

C 起始条件和边界条件相似

模型实验除要求满足上述二相似条件外,还应保证对实验结果影响较大的起始条件和边界条件相似。做重力放矿模拟实验时,在边界条件和起始条件方面应注意下列问题。

(1) 模型中模拟松散材料的松散系数及其分布与现场不同的问题。模拟有底柱崩落法自由空间爆破放矿时,模型和实物的松散系数可能不同,利用放出松散材料重量换算放出体积时,应加以注意。挤压爆破放矿时,崩落矿石向前推移,且松散系数也有变化。因尚无完善方法测量推距和压实度,目前还只能根据估算模拟,再用现场资料验证的方法达到近似起始条件相似。模型实验中,常用抽板法模拟爆破。现场爆破后,散体密度变大,而模型抽板后散体密度变小。为了减少这个影响,爆破模拟板应尽量薄,抽板前向出矿巷道端部填入部分松散材料。

(2) 外摩擦角相似问题。模型上影响放矿过程的矿壁多用木板模拟。为增大其外摩擦系数以便尽量与现场相似,可在木板上贴砂纸或黏砂子。用透明壁时,应通过立体模型实验估计它的影响。

(3) 模型边界对放出体发育影响的问题。放矿模型的尺寸应满足边界条件相似的要求,使放矿实验结果不产生大的偏差。模型高度不足,不能模拟全部覆盖围岩厚度时,应注意在实验过程中补充覆盖围岩,使之不影响实验结果。

(4) 端部放矿模型实验时,应注意形成上部分段放矿留下的脊部矿石形状。

由于矿山生产条件十分复杂,在重力放矿实验中还应注意下面几个问题。

(1) 矿石是粉矿或粒级较小时,不能将细粒级按几何比例缩小。因为粉状散体的黏聚力比细粒级矿石要大,将会影响实验结果。当细粒级颗粒占的比重大时,还应注意湿度对黏聚力的影响。在上述条件下要特别注意检验放出体几何相似条件,选配与现场放出体几何相似的松散材料。此外,当细粒级比重大,放矿时间长时,还应注意由于长时间压实,黏聚力增大对放出体参数的影响。

(2) 覆盖废石的块度组成,多数情况下难于直接观测,只能用估计的块度组成来模拟。当废石细粒级比重大,而矿石块度大时,应特别注意细粒级废石渗漏引起的超前贫化的问题。

(3) 崩落矿岩中最大块度尺寸与卡漏关系很大。大块卡漏时,细粒级自大块间隙流出,可能影响放出体的正常发育。按放出体参数几何相似模拟放矿时应注意大块卡漏的影响。

(4) 装矿方式、铲取深度、消除堵塞等工艺应尽量与现场相似。

(5) 铲取工具的尺寸应按模拟比缩小。

由以上讲述可见,在重力模型放矿中,如能保证模型和放出体几何相似,并尽量满足影响大的边界条件和起始条件相似,虽然动力相似条件不能满足,也能使放矿模拟实验达到近似相似,得到比较满意的实验结果。本章通过实验室重力模型放矿实验,研究崩落采场放矿的崩落矿岩运动基本规律。目前国内外广泛利用重力模型放矿实验来选择和比较采矿法结构参数和放矿制度,预测崩落采场放矿的损失和贫化指标。

6.1.2.3 爆破模拟放矿相似条件

用模型实验研究与爆破有关的放矿问题时,如挤压爆破下的放矿和崩落矿柱后放矿等,要求模拟爆破相似、模拟的被崩落矿体相似和崩落矿石放矿过程相似。因为爆破机理和爆破模拟都是正在探讨和没有解决的问题，只能根据对所研究问题有决定性影响的因素采用近似相似，研究定性的问题。以分段高度 10 m、进路间距 10 m、崩矿步距 3 m 为原型，设计制作的水泥砂浆爆破模型如图 6-1 所示。下面介绍模拟矿柱崩落后放矿的一种推导相似条件的方法。

彩图

图 6-1　水泥砂浆爆破模型实物照片

A　爆破模拟相似

大规模崩落矿柱时，对放矿有影响的是崩落矿石的分布。崩落矿石的分布主要与矿石的抛掷速度有关，可据此推导与装药量有关的相似关系式。

爆破时，矿石抛掷速度由下式决定，即：

$$v = K_1 \frac{Q}{L^3} \tag{6-21}$$

式中　　v——爆破抛掷速度，m/s；

　　　　Q——装药量，kg；

　　　　L——抛掷距离，m；

　　　　K_1——与炸药和爆破介质有关的系数。

由量纲转换方法得：

$$C_v = C_{K_1} \frac{C_Q}{C_L^3}$$

$$C_Q = \frac{C_l^{3.5}}{C_{K_1}} \tag{6-22}$$

$$\overline{Q} = Q \frac{C_{K_1}}{C_l^{3.5}} \tag{6-23}$$

由装药直径与装药量的关系，推导装药直径相似关系式，即：

$$Q = \frac{\pi}{4} d^2 \Delta l_{zh}$$

式中　　d——装药直径，m；

Δ——装药密度，kg/m^3；

l_{zh}——装药长度，m。

由量纲转换可得相似关系式，即：

$$C_Q = C_d^2 C_\Delta C_l \tag{6-24}$$

将式（6-24）代入式（6-22）得：

$$C_d^2 C_\Delta C_l = \frac{C_l^{\frac{7}{2}}}{C_{Kl}}, \quad C_d = \frac{C_l^{\frac{5}{4}}}{C_\Delta^{\frac{1}{2}} C_{Kl}^{\frac{1}{2}}} \tag{6-25}$$

$$\overline{d} = d \frac{C_\Delta^{\frac{1}{2}} C_{Kl}^{\frac{1}{2}}}{C_l^{\frac{5}{4}}} \tag{6-26}$$

这样即可得到崩落矿柱时近似相似的装药直径和装药量。炮孔布置应满足几何相似条件。其他爆破问题也可用类似方法得到爆破模拟相似关系式。这些相似条件应通过实践检验其相似程度。

B 被崩落矿体的相似

模拟爆破是为了研究放矿，要求爆破后有与现场崩落矿石相似的粒级组成。达到这一目的一种方法，是用预先选好的一定粒级配比的碎矿石以弱黏结材料固结起来模拟矿体，保证爆破后全部崩散。它要求黏结的矿体强度略小于模型相似条件要求的强度。模拟矿体强度的关系式是：

$$C_\sigma = C_\gamma C_l$$

$$\overline{\sigma} = \frac{\sigma}{C_\gamma C_l} \tag{6-27}$$

由此可知，模拟矿体黏结强度 $\overline{\sigma}$ 应略小于 $\dfrac{\sigma}{C_\gamma C_l}$。

C 崩落矿石放矿过程的相似

矿石崩落后，即按重力放矿进行放矿实验，因此模拟矿石被崩落后应满足重力放矿的相似条件：模型结构参数几何相似和放出体参数几何相似。也就是说，应使爆破崩散后的模拟矿石满足重力放矿相似条件的要求。但完全满足这个要求目前在工艺上还有困难，因为难于保证黏结矿石全部崩散。

从上面的讲述可见，目前模型放矿实验也只能满足近似相似。因此，模型实验的结果要通过现场生产实验的检验。通过生产实践可以估计模型实验的可靠程度及其偏差。如果通过实践证明，模型实验结果的偏差在允许范围之内，就可以使用这种模型实验方法。

当不可能进行生产实验或者做生产实验很困难时，可用不同模拟比的模型实验结果来检验相似条件。如不同模拟比的实验结果互相符合，即证明模型实验满足近似相似的条件。如果不符合，则可根据实验结果估计偏差的大小。

当前各类模型放矿实验还不能满足相似条件的要求，需要进一步研究解决，但决不能由此而轻视模型放矿实验的重要意义。采矿工程问题十分复杂而且现场观察研究比较困难，因此模型实验是研究解决采矿问题的十分重要的一种方法。实验中应尽量在近似相似和某些主要参数相似的条件下，利用实验室实验方法研究许多实际问题和理论问题，使采矿工程中的复杂问题逐步得到科学的解答。

6.1.3　物理模拟放矿实验设计

6.1.3.1　选择模型几何模拟比

根据模型放矿需要解决的问题，选择几何模拟比（几何相似常数）C_l。模拟比小，模型尺寸大，实验得到的数据精度高，结果比较可靠，但是工作量大，重复实验不方便；反之，模拟比大，模型尺寸小，工作量小，重复实验方便，但是所得数据精度低，可靠性差。

研究不同采矿法方案和放矿制度的损失贫化指标时，模拟的范围较大，又要求有一定精度，一般都采用模拟比 $C_l = 50$，即 1∶50 的模型。当研究性问题不要求太高精度或初选方案要做大量实验时，采用模拟比 $C_l = 100$，即 1∶100 的模型。有时用大模拟比模型检验1∶50 模型实验中间方案变化情况。

研究矿岩运动规律的单体模型常用 $C_l = 20$ 或更小的模拟比。检验模型实验相似条件时，也要用小模拟比的模型。

6.1.3.2　模型设计

根据研究的采矿方法参数和选定的模拟比 C_l 以及边界条件的要求，设计模型的尺寸。模型料箱高度应根据放矿层高度和覆盖层高度设计。当放矿层高度加覆盖层高度过大，模型料箱过高，工作不方便时，可将模拟覆盖层高度降低。在放矿过程中，随覆盖层的下降，应不断向模型中补充废石，保证上部边界条件相似，不影响矿石损失和贫化指标的变化。端部放矿时，覆盖层高度一般不低于 1.5 ~ 2 倍的分段高度。底部放矿时，根据实验目的，取放矿层高度的 $\frac{1}{2}$ 以上。

当研究无底柱分段崩落法放矿的损失贫化指标时，模型第一、二分段放矿很难形成现场正常放矿那样正面和侧面矿石脊部轮廓形状。因此一般都连续做三个分段以上的放矿实验，取第三分段以后的放矿指标。这时模型料箱高度按三个分段高度加上覆盖层高度设计。

模型的宽度和厚度应满足边界条件的要求。如果模型模拟范围不包括矿壁和顶底板岩壁，那么模型无矿岩硬壁存在一侧的箱壁应在放矿口影响的矿岩流动带以外。根据这个原则，无矿岩壁一侧的箱壁距放矿口的距离，应不限制该放矿口最终松散椭球体的发育，即大于最终松动体的短半轴。

设计的模型架应适用于多种用途，例如大模型架隔开即可做小模型架用。模型架结构应便于装料和卸料。放矿口位置适宜，便于工作。模型架稳定性要好，放矿实验过程中不发生变形，料箱四角要密封，保证不漏矿，漏斗闸门要启闭灵活。

为使放矿实验现代化，目前正研制自动化放矿模型。

6.1.3.3　选择模拟松散材料

模拟松散材料应能破碎成各种粒级，有一定强度，在放矿过程中不易破碎并能较长期保持原有的物理力学性质。模拟矿石与废石的材料颜色最好有显著区别且易于分选。二氧化硅含量应符合卫生条件。最常用的模拟松散材料是品位较高的磁铁矿石和白云岩，也有用现场的矿石和围岩作模拟材料的。在大模拟比的模型上（1∶100，1∶200），研究一般放矿规律时，常用砂子做模拟松散材料。选用磁性和非磁性材料模拟矿石和废石时，使用前要经过磁选，将非磁性材料中的磁性材料和磁性材料中的非磁性材料完全选别出来。模拟松散材料破碎成各种粒级后，最好分存于料仓中，以备日后应用方便。

应根据现场崩落矿岩的粒级组成、内摩擦角和黏聚力以及放出体参数，选取适宜的模拟松散材料。为了选配模拟材料方便，可将备好的材料做物理力学性质实验和放出体参数实验，将数据做成图表备用。

模拟松散材料经多次实验使用，棱角磨圆，物理力学性质和放出体参数会发生变化，故应定期检验，修正使用数据或更换新的材料。

6.1.3.4 模型实验辅助器件

（1）端部放矿的模拟出矿巷道。端部放矿时，自巷道端部用装载设备出矿。平面模型要在模型的出矿口装上一段用铁皮或铝合金板按几何模拟比做成的出矿巷道。立体模型时，用铁皮或铝合金做成模拟巷道，伸入模型内。用抽动巷道顶板或整个巷道的方法模拟一个步距的爆破。模拟巷道壁既要薄，又要有一定强度，不变形。放矿的模拟出矿巷道可以用上下凹槽（可由不锈钢板或铁板材料制成）组合而成（见图6-2），下部凹槽固定不动，通过抽上部的凹槽来模拟放矿。

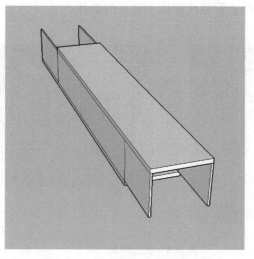

彩图

图6-2 上下凹槽组成的出矿巷道

（2）模拟爆破步距板。端部放矿实验模拟爆破步距板和脊部模拟板时，用抽出模拟爆破步距板的方法模拟爆破（见图6-3）。爆破步距板按每一放矿步距崩落矿层的面积形状用薄铁板做成。爆破步距板自料箱上部（立体和横平面模型）或后侧（纵平面模型）抽出。当扇形炮孔边孔倾角大于矿石移动角或回采巷道间距过小，放矿相互影响时，除爆破步距板外，还要安设和抽动脊部板，爆破时它与回采巷道同时向外抽动。当边孔倾角小于矿石移动角时，可不用脊部板。模拟爆破的这些器件的结构和操作工艺都需进一步研究改进。

（3）实验用标志颗粒和标志层。为了圈定放出体的体形，在向模型中装入模拟松散材料的同时，需按一定空间坐标放置标志颗粒（见图6-4）。常用做标志颗粒的有：涂色

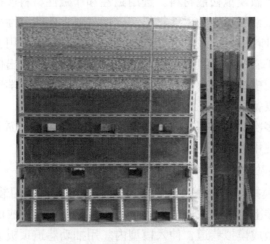

彩图

图 6-3　抽插板模拟爆破步距

碎石块、硬塑料短管或颗粒、短绝缘磁管等。标志颗粒与模拟松散材料的粒级应近似。因个别颗粒随整体松散材料流动，与其密度无关，故标志颗粒不受密度的限制，但放出过程不能发生变形和破坏。标志颗粒应标以不重复的编号。

彩图

图 6-4　标志颗粒

当在模型透明壁前观察崩落矿岩运动规律时，靠近透明壁以一定间隔用易于和崩落矿岩颜色区分的粉末做标志层，也可用涂以不同颜色的矿岩碎块做标志层。标志颗粒在空间的布置及标志层间隔尺寸，根据实验要求的精度设计。

（4）磁力分选器。放矿实验过程中和放矿实验完毕后，分选废石和矿石的工作量很大，目前应用磁选分选代替人工。简易分选法是将永磁块放在铝容器内或用布包裹后放进非磁性和磁性混合材料堆中，磁性材料即被吸附在铝容器底或布上，然后移出堆外，取出永磁块，磁铁碎矿即自然落下，达到分选目的。另一种是磁力分选装置，如图 6-5 所示，依据磁性滚筒对铁矿石具有吸引力而对废石无吸引力的原理，当铁矿石和岩石接触磁性滚筒后，下落时的旋转半径不同将落在不同的位置，在这些位置处分别放置矿石存储器和岩石存储器用来接收分开的矿石和废石。

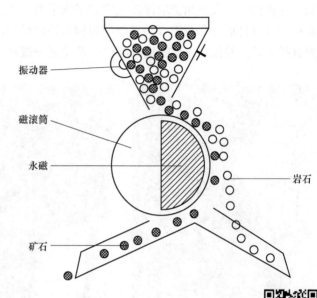

振动器

磁滚筒

永磁

岩石

矿石

图6-5 磁力分选装置

彩图

（5）一种用于放矿实验的出矿机构。在放矿实验中通常是人工出矿，未实现连续铲矿与卸矿，因此需要对出矿机构重新设计，实现机构的连续化出矿。一种用于放矿实验的出矿机构是实现自动化放矿实验的一个重要机械组成部分。

无底柱分段崩落法属于端部放矿，设计的出矿机构依据端部出矿的原理，将铲矿和卸矿两个部分统一在一起，实现出矿连续化。出矿铲在外力、导向机构以及直线导轨的综合作用下实现出矿铲、铲矿或卸矿的往复直线运动。向前运动时，出矿铲到达放矿口处铲取矿岩，向后运动时，出矿铲在导向机构的作用下底部缓慢打开，将铲取的矿岩在卸矿口处倒出，然后改变运动方向，出矿铲将向前运动，并且在导向机构的作用下出矿铲的底部将缓慢闭合，执行下一次铲矿任务，如此循环往复，实现连续出矿。

一种用于放矿实验的出矿机构如图6-6所示，该出矿机构由出矿铲、导向机构、直线

图6-6 出矿机构实物图

彩图

导轨这三部分组成。出矿机构各组成部分的作用是：出矿铲（见图 6-7）是用来铲矿和卸矿的一种机构，其大小和铲取深度决定着铲取量的大小；导向机构（见图 6-8）保证出矿铲在指定位置自动打开与闭合，且导向机构调控出矿铲铲取深度的大小；直线导轨使出矿铲做直线运动，并保证出矿铲底部与出矿巷道紧密接触，防止出矿铲跑偏或卡死。

彩图

图 6-7　出矿铲

彩图

图 6-8　导向机构

出矿机构各组成部分的结构及其各部分之间的连接方式为：出矿铲由铲身和铲盖两部分组成，铲身与铲盖可以绕连接轴转动；出矿铲下部（铲身）与导向机构通过连接轴、滚轮、螺母连接，铲身的端部通过螺栓和螺母与气缸连接；导向机构通过螺栓、螺母固定在巷道底部的左右两侧，且导向机构的前后距离可以在一定范围内调节，主要是为了改变出矿铲的铲取深度；出矿铲上部（铲盖）与直线导轨通过连接轴、滚轮、螺母连接，直线导轨位于出矿铲的两端并通过螺栓和螺母固定于出矿巷道的左右两侧。

出矿铲的卸矿方式采用后卸式。工作中在外力的作用下，出矿铲开始向前运动。出矿铲运动到放矿口处时执行铲取任务，当出矿铲达到要求的铲取深度时改变运动方向，出矿铲开始向后运动。当出矿铲运动到卸矿口时，在导向机构的作用下出矿铲底部将缓慢地打开，矿岩倒入下部的装置中。当矿岩均倒出后，出矿铲在外力的作用下改变运动方向，同时出矿铲底部在导向机构的作用下以及外力向前推进作用下将缓慢的闭合，继续运行且循环往复执行铲取任务。

（6）一种由 PLC 控制的可调节自动出矿装置。为了实现连续化自动化出矿，设计了一种由 PLC 控制的可调节自动出矿装置（见图 6-9），该装置是在一种用于放矿实验的出矿机构的基础上设计的。设计的出矿装置依据端部出矿的原理，将铲矿和卸矿两个部分统一在一起，实现出矿连续化自动化。该装置通过 PLC 控制系统来控制气动装置，而出矿铲在气动装置、导向机构以及直线导轨的综合作用下实现出矿铲、铲矿或卸矿的往复直线运动。向前运动时，出矿铲到达放矿口处铲取矿岩，向后运动时，出矿铲在导向机构的作用下底部缓慢打开，将铲取的矿岩在卸矿口处倒出，然后改变运动方向出矿铲将向前运动，并且在导向机构的作用下出矿铲的底部将缓慢闭合，执行下一次铲矿任务，如此循环往复，实现连续出矿。

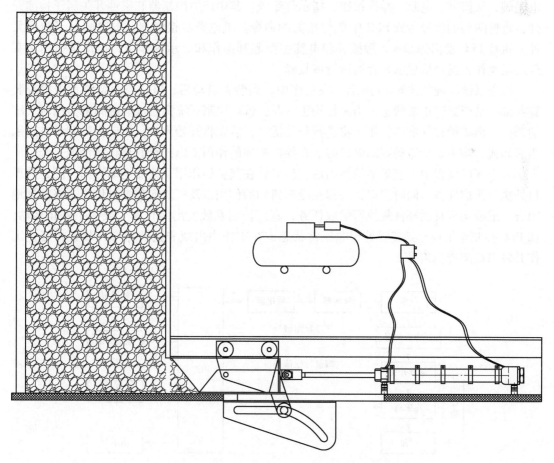

图 6-9　一种由 PLC 控制的可调节自动出矿装置

一种由 PLC 控制的可调节出矿装置，装置由出矿铲、导向机构、直线导轨、气动装置、PLC 控制系统这五部分组成。装置各组成部分的作用是：出矿铲是用来铲矿和卸矿的一种机构，其大小和铲取深度决定着铲取量的大小；导向机构保证出矿铲在指定位置自动打开与闭合，且导向机构调控出矿铲铲取深度的大小；直线导轨使出矿铲做直线运动，并保证出矿铲底部与出矿巷道紧密接触，防止出矿铲跑偏或卡死；气动装置提供动力，控制着出矿铲的运动速度；PLC 控制系统完成装置的自动控制，控制系统由检测元件实时监测装置是否处于正常工作状态，并通过执行元件来执行相关的操作命令。

装置各组成部分的结构及其各部分之间的连接方式为：出矿铲由铲身和铲盖两部分组成，铲身与铲盖可以绕连接轴转动，出矿铲下部（铲身）与导向机构通过连接轴、滚轮、螺母连接，铲身的端部通过螺栓和螺母与气缸连接；导向机构通过螺栓、螺母固定在巷道底部的左右两侧，且导向机构的前后距离可以在一定范围内调节，主要是为了改变出矿铲的铲取深度；出矿铲上部（铲盖）与直线导轨通过连接轴、滚轮、螺母连接，直线导轨位于出矿铲的两端并通过螺栓和螺母固定于出矿巷道的左右两侧；气动装置由气缸、气泵、电磁阀组成，气泵提供气源，气缸实现往复运动，电磁阀控制进气和排气量已达到控制出矿铲运动速度的目的；控制系统由 PLC、压力控制器、磁性开关、继电器、接触器、电磁阀、触摸屏、电脑、操作按钮、指示灯组成。其中压力控制器和磁性开关属于检测元件，将检测到的信号传到 PLC 中执行相关的命令。继电器、接触器、电磁阀属于执行元件，执行 PLC 发出的命令。触摸屏和电脑主要起到操作和显示的作用，操作按钮用来实现现场操作，指示灯显示装置的运行或故障。

控制系统流程如图 6-10 所示，在工作中，当装置启动后，PLC 控制系统首先检查装置各部分是否处于正常状态，当一切均正常时，PLC 控制系统将通过电磁阀来实现对气缸的调控，出矿铲在气缸的作用下将进行往复运动，装置将开始出矿。出矿铲的卸矿方式采用后卸式，当出矿铲运动到卸矿口时，在导向机构的作用下出矿铲底部将缓慢地打开，矿岩倒入下部的装置中。当矿岩均倒出后，出矿铲在气缸的作用下改变运动方向，到达放矿口处执行铲取任务，同时出矿铲底部在导向机构的作用以及气缸向前推进作用下将缓慢地闭合，继续运行且循环往复执行铲取任务，直到控制系统发出停止命令或人工停止运动。如 PLC 控制系统检查到装置处于非正常状态或在工作中出现非正常操作，装置将终止工作并发出故障警报信号。

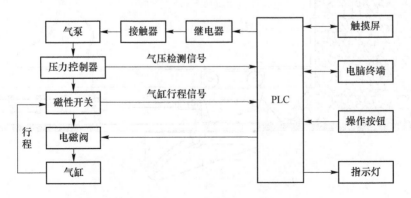

图 6-10　PLC 控制系统流程图

6.1.4 物理模拟放矿实验步骤及工艺

6.1.4.1 重力放矿模型实验

A 模型实验准备

根据所研究的问题选取模型实验模拟比;再根据现场崩落矿岩物理力学性质或所研究的问题选取模拟松散材料;准备模型架和模型实验需用的辅助器件;根据实验设计准备标志颗粒,并校对它们的标号;按实验要求准备出矿工具、容器及称重衡器。如用容器按体积量取出矿量,要校验装入容器容积与模型内装填容积的关系,因为容器内的松散系数与模型内的松散系数不同。

B 装填模型

按设计向模型装填模拟松散材料、标志颗粒和标志层。松散材料应按设计的松散系数装入模型。松散材料装入模型后,由于自重会压实下沉。下沉量大小随松散材料性质、装填高度、装填松散系数及放置时间而变化。装填模型时,可根据实验或经验估计下沉量。装填时需记录装入材料重量和装入容积,测定和计算装填松散系数及容重。放矿时根据放出重量及模型装填容重计算放出体体积。

做放出体测定实验时,随着装料高度按设计放入标志颗粒。使用空心管状标志颗粒时,将标志颗粒按坐标穿在拉紧子模型中的细铁丝上,装料完毕后,将细铁丝自模型中拉出,标志颗粒即按设计坐标位置留于模型松散材料中。使用块状标志颗粒时,在模型上标出坐标网格或做标志颗粒模板,将标志颗粒按设计位置放好,然后再装料,避免标志颗粒发生移动。放置标志颗粒的工作要十分小心,每放一层标志颗粒之前,都要平整松散材料。

在透明玻璃壁上观察标志层移动时,布置标志层的间隔要估计松散材料下沉量。装好模型后要重新记录标志层的位置。如果装填高度大,透明壁前面应加设加固梁防止透明壁变形或胀破。

装料的过程要前后一致,保证模型的松散系数没有变化;同时应注意避免松散材料自模型缝隙中流出,影响实验结果。全部装料过程应详细记录。

C 进行放矿实验

模型装好后,按设计要求进行放矿实验。每次放矿量按现场生产计量单位换算或按研究问题决定。小的出矿量单位以装运机铲斗或车为准,大的出矿量单位常以班产量为准。根据现场和模型的矿岩和松散材料的容重,将现场出矿量换算成模型出矿量。

实验过程中要详细记录放出量、分选后的模拟矿石量和废石量,以及各次放出量中的标志颗粒。按一定放出量间隔描绘或摄影记录标志层或标志颗粒的变化。研究颗粒运动轨迹时,需用快速摄影机。整个放矿过程应详细记录。

实验过程中要经常注意放出口有无堵塞卡漏现象,并及时消除。出现卡漏或其他异常现象都应加以记录。

抽掉模拟爆破板及抽出回采巷道时,要特别注意,尽量降低抽板对模型内松散材料状态的影响。

放矿实验中用容积计量和称量。用容积计量时应注意使每次计量的松散系数一致。用自动记录重量的计量装置是比较理想的，目前正在积极研制。

根据设计的放矿截止贫化率，停止各放出口的放矿工作。

放矿过程中不应振动模型或使一次实验长期中断，以免模型中二次松散带发生异常变化。

D　整理实验记录资料

放出体体积可用下式计算，即：

$$Q = \frac{W_k}{\gamma_{sk}} + \frac{W_y}{\gamma_{sy}} \tag{6-28}$$

式中　Q——放出体体积，cm^3；

W_k——放出模拟矿石重量，g；

W_y——放出模拟废石重量，g；

γ_{sk}——模拟矿石装填容重，g/cm^3；

γ_{sy}——模拟废石装填容重，g/cm^3。

因为模型中矿石和废石的容重比常不等于现场崩落矿岩的容重比，而模型放出体与现场放出体几何相似，所以模型放矿实验主要计算体积贫化率或体积废石混入率。现场与模型的体积贫化率相等，因为它是一个无量纲值。用模型体积贫化率可以换算出现场重量贫化率。

模型实验放出矿石当次体积贫化率可用下式计算，即：

$$D_{dq} = \frac{Q_{dy}}{Q_{dy} + Q_{dk}} = \frac{\dfrac{W_{dy}}{\gamma_{sy}}}{\dfrac{W_{dy}}{\gamma_{sy}} + \dfrac{W_{dk}}{\gamma_{sk}}} = \frac{W_{dy}\gamma_{sk}}{W_{dy}\gamma_{sk} + W_{dk}\gamma_{sy}} \times 100\% \tag{6-29}$$

式中　D_{dq}——放出矿石当次体积贫化率，%；

Q_{dy}——当次放出量中废石的装填松散体积，cm^3；

Q_{dk}——当次放出量中矿石的装填松散体积，cm^3；

W_{dy}——当次放出量中废石的重量，g；

W_{dk}——当次放出量中矿石的重量，g。

现场重量贫化率可用下式计算，即：

$$D_{dw} = \frac{Q_{dy}\gamma_y}{Q_{dy}\gamma_y + Q_{dk}\gamma_k} \times 100\% \tag{6-30}$$

式中　D_{dw}——现场重量贫化率，%；

γ_y——现场崩落废石容重，t/m^3；

γ_k——现场崩落矿石容重，t/m^3。

模型中散体重量以 g 计，体积以 cm^3 计，而现场崩落矿石的重量和体积以 t 和 m^3 计。模型和现场的重量和体积可用下式换算，即：

$$Q = \frac{Q_m C_l^3}{10^6} \tag{6-31}$$

$$W = \frac{W_m C_l^3}{10^6} \times \frac{\gamma_{ky}}{\gamma_m} \tag{6-32}$$

式中 Q——现场崩落矿岩体积，m^3；

Q_m——模型散体体积，cm^3；

W——现场崩落矿岩重量，t；

W_m——模型松散材料重量，g；

γ_{ky}——现场崩落矿岩容重，t/m^3；

γ_m——模型松散材料容重，g/cm^3；

C_l——模型几何模拟比。

将放出量中的总矿石体积和总废石体积代入式（6-29）和式（6-30）中，即可求得该放出量的平均体积贫化率和现场平均重量贫化率。已知模型放出量和放出模拟矿石量，经过模型和现场换算即可求得现场视在回收率和实际回收率。根据现场矿石和废石品位和求得的现场重量贫化率，即可计算得到现场放出矿石品位变化。这样通过模型实验就将现场放矿的矿石回收和贫化指标计算出来。

做放出体参数实验时，将放出的标志颗粒位置用圆滑曲线连起来，即可得到放出体的体形。当放出体较大时，放出体表面颗粒在一段时间内达到放出口，因此圈定放出体体形时，应注意找到放出体表面标志颗粒同时（或一段时间）放出的矿石量。

E 分析资料，优选方案

从放矿工艺方面来说，最优方案的标准是：

（1）贫化前纯矿石回收率最高；

（2）在实际贫化率相等的条件下，实际回收率最高；

（3）当贫化率增长速度快时，纯矿石回收率高。

优选方案有两种方法。一种是列表法，将各方案按相同实际贫化率列表，比较矿石实际回收率和放出纯矿石回收率，选取最优方案。

另一种是特征指标比较法。将上述两个标准，用一个特征指标表示，用比较特征指标的方法优选方案。常用的指标是回贫差 E 和回采效率 μ。

回贫差 E 是放矿过程中实际回收率与实际贫化率曲线。覆岩下放矿时，放出矿量越多，实际回收率越高，但实际贫化率也随之急剧增大。实际回收率曲线随放出矿量增加由陡变缓，而实际贫化率曲线则由缓变陡。这样回贫差曲线和回采效率曲线就有一个极大值。比较各方案中回贫差，极大值最大者为最优方案。

回采效率的定义是实际回收率与 1 减实际贫化率的乘积，即：

$$\mu = \eta_k \left(1 - \frac{D_y}{100}\right) = \frac{W_k^2}{W_{fk}W_0} = \frac{\eta_k^2}{\eta_s} \tag{6-33}$$

式中 μ——回采效率，%；

η_k——矿石实际回收率，%；

D_y——矿石实际贫化率（废石混入率），%；

W_k——放出矿量中的纯矿石量，t 或 g；

W_{fk}——放出矿量，t 或 g；

W_0——崩落工业矿量，t 或 g；

η_s——矿石视在回收率，%。

矿石实际回收率 η_k 表示自崩落矿石中放出多少矿石，而 $1 - \dfrac{D_y}{100}$ 则表示放出矿石中废石混入的程度。两个数相乘表示矿石回收与贫化的综合效率。它与回贫差的关系可用式（6-34）和式（6-35）导出，即：

$$\mu = \eta_k\left(1 - \frac{D_y}{100}\right) = \eta_k - D_y + D_y - \frac{\eta_k D_y}{100} = E + D_y\left(1 - \frac{\eta_k}{100}\right) \tag{6-34}$$

$$E = \mu - D_y\left(1 - \frac{\eta_k}{100}\right) \tag{6-35}$$

式中　E——回贫差，% 。

两个指标的意义相近似，都以百分数表示，但回贫差更直观易算，使用方便。两指标的差值很小，对优选方案影响不大。

上面计算得出的是废石不含有用成分时的特征指标值。当现场废石含有用成分时，还应考虑废石中有用成分的影响。将实际回收率换算成有用成分回收率，将实际贫化率换算成视在贫化率，再进行比较，检验废石含有用成分是否对优选方案有影响。

视在贫化率可由下式计算，即：

$$D_s = D_y\frac{G_0 - G_y}{G_0} = \frac{G_0 - G_k}{G_0} \tag{6-36}$$

有用成分回收率可由下式计算，即：

$$\eta_{hj} = \eta_s\left(1 - \frac{D_y}{100}\right) \tag{6-37}$$

式中　D_s——视在贫化率（品位降低率），% ；

　　　　D_y——实际贫化率（废石混入率），% ；

　　　　η_{hj}——有用成分回收率，% ；

　　　　η_s——视在回收率，% ；

　　　　G_0——崩落区段工业矿石品位，% ；

　　　　G_y——混入废石含有用成分品位，% ；

　　　　G_k——放出矿岩混合品位，% 。

回贫差及回采效率仅考虑了放矿过程中矿石回收及贫化指标。最终决定现场采矿法方案、采矿法结构参数及放矿制度时，还应考虑其他技术因素和综合经济效果。

　　F　编写放矿实验报告

实验完毕后，要编写实验报告。放矿实验包括研究崩落矿岩运动规律和优选方案两大类。第一类实验内容广泛，根据实验研究的要求编写报告；第二类实验可按下列内容及顺序编写报告。

（1）实验矿山或区段、采场的地质条件和技术条件简单介绍；

（2）实验采矿法方案的简单描述；

（3）物理模拟放矿实验方案介绍；

（4）模型实验相似条件、选用模型结构参数及模拟松散材料介绍；

（5）实验方法说明；

（6）各方案实验取得的主要数据及其对比分析；

（7）某矿山生产数据或数字模拟计算结果的比较，对实验结果的评价；

（8）推荐最优方案。

6.1.4.2 其他物理模拟放矿实验工艺特点

A 爆破模拟放矿实验

爆破模拟实验需用相似材料模拟矿体，还要选用模拟炸药及解决模拟爆破的工艺问题。因这种实验方法尚不完善，仅将实验矿柱崩落放矿方法简单介绍如下。

根据矿山及实验室条件选取几何模拟比。根据矿山崩落矿石物理力学性质、块度组成及放出体参数选取相似材料骨料及黏结材料。黏结材料多用石膏细砂做成。

根据选用的炸药及爆破方法设计模拟爆破工艺。近似模拟常用的炸药有导爆线、泰安和液体炸药。炸药直径大于 1.5 mm 时用泰安炸药，小于 1.5 mm 用液体炸药。

根据选用的爆破工艺及采矿法参数设计模型架。模型架应特别坚固，爆破时不发生变形；矿石崩落后进行放矿实验。

B 振动模拟放矿实验

振动放矿与重力放矿的模型架结构基本相同。模型放矿口及下部装振动放矿装置模型，其参数按相似条件选取。实验用振动放矿装置模型的振动参数，如频率、振幅、激振力、安装角、振动角及埋设深度等应是可调的，以便实验各振动参数对放矿规律的影响。振动平台与松散材料用柔软物料隔开，避免碎石渗入机器发生故障和防止模型架发生振动，以免影响实验结果。

C 放矿时底部结构地压显现模型实验

做这种实验时，在底部需要测压的部位放置压力传感器或设置底部为弹性测压底座。放矿时利用测试仪器测量放矿过程中底部压力变化。压力传感器多为电阻片式。传感器与多道动态应变仪和多线示波器连接，由示波器记录放矿过程中压力变化。传感器用前和用后都要率（标）定，以取得测量数据。

D 放矿巷道合理结构参数模型实验

这种实验多用 (1∶5)~(1∶10) 大比例模型。它主要研究出矿口成拱堵塞机理及合理的巷道结构参数。合理结构参数的标志从放矿角度来说就是成拱堵塞次数，同样条件下成拱堵塞次数少的是较合理的结构。此外还要考虑巷道的稳定性。

6.1.4.3 减小物理模拟实验误差的方法

A 实验操作严格按设计进行

每次实验和重复实验的操作应前后一致，如铲取矿石方式，量取放出体积方法，装填松散材料，抽爆破板等。

模型装填松散系数要符合设计要求，装料后要核实实际松散系数值，以免发生计算误差。实验过程中防止模型振动、变形和自缝隙涌出松散材料。模型的实验指标是通过模型松散材料的容重换算的，因此要特别注意保持一定的松散系数值。

抽模拟爆破板常使二次松散带发生变化和将矿石带入废石中去，应注意小心操作和不断改进。

用网格法摆标志颗粒，一方面要注意平整材料平面，另一方面还应保证设计的松散系数，装料时还应注意不使标志颗粒发生移动。

B 原始数据选取

由于模型实验技术和现场测试技术都还不够完备，故目前仅能近似相似。有一些数据需要估算，估算时要慎重。如推移距离，一般都取为爆破步距的20%，即挤压爆破后崩落矿石松散系数为1.2。但不同条件下这个数值是变化的。对这类数据，在解决具体生产问题时，应慎重地反复地按实际指标加以校验。

采矿条件既复杂又多变，因此选取现场原始指标时要慎重，测量次数及范围要达到误差要求。测得的数据离散度较大时，测量的次数要相应增加，测量次数可按下式选取，即：

$$N = t^2 \frac{K_b^2}{K_u^2} \tag{6-38}$$

$$K_b = \frac{\sigma}{\bar{x}} \tag{6-39}$$

式中 N——需要测试的次数，次；

K_b——变异系数，%；

σ——测益数据的标准离差；

$\bar{x}$——测械数据的平均值；

K_u——测量实验的允许误差，%；

t—— 一定置信水平 P 值下的 t 检验值，t 值可由表 6-1 选取。如要求测得数据 95% 可靠，则取 t 值为 1.96。

表 6-1 t 值表

P/%	68	70	80	90	95	95.5	99.0	99.7	99.9
t	1.0	1.04	1.28	1.65	1.96	2.00	2.58	3.00	4.00

C 注意边界条件和起始条件的相似

如做无底柱分段崩落法放矿实验时，应注意形成上部正面及侧面矿石脊部形状；无矿岩壁限制时，模型的几何尺寸要保证放出体和松散体的发育等。

D 检验实验结果

为了保证实验结果可靠，选取较优方案后，最好以稍小于或稍大于该方案的参数进行校核试验，检验其可靠性。为了检验相似条件是否满足要求，可以大于或小于实验采取的几何模拟比进行相同实验。如不能满足相似要求，可以估计用于实际问题时需采用的校正系数。

6.1.5 物理模拟放矿模型设计实例

6.1.5.1 立体放矿模型

立体放矿模型为一箱体结构，顶部安装一个重锤，如图 6-11 所示。立体放矿模型一般包括底部和端部两个放矿口，可用于底部单一漏斗和端部单一放矿口的放矿实验，该实验模型通常用来测定放出体。实验用模型内部尺寸一般为长×宽×高＝40 cm×40 cm×50 cm。

端部放矿口　　底部放矿口　　　　　底部放矿口　　　　　　　　彩图

图 6-11　立体放矿模型

具体实验过程包括如下内容。

第一步：检查模型放矿口封堵情况及模型稳固状况，将事先做好的标志颗粒准备好，调整重锤位置使之与底部放矿口中心在同一竖直直线上。

第二步：预先装填矿石散体（如厚度 5 cm），铺平，使散体平面与四周模型内壁所画刻度线平齐；在铺平散体表面放置标志颗粒定位片，使得定位片中心与重锤中心对中，并使得定位片四边与模型四边平齐。

第三步：摆放标志颗粒。按序号往定位片小圆孔内投放标志颗粒。在本层所有的标志颗粒投放完后，轻轻提起定位片，将标志颗粒留在所放置的位置上。个别颗粒可能会因其下散体颗粒的棱角或间隙等滑离原位，此时用镊子轻轻拨正。之后先填装少许充填料以固定标志颗粒位置，再继续向上大量装填，直到该层散体厚度达到设定厚时停止，开始摆放下一层的标志颗粒。如此重复，直到散体高度达到要求高度为止。

第四步：在高度方向上每隔设定厚度（如 5 cm）摆放一层标识颗粒，底部放矿每层标识颗粒通常分为 8 个角度（0°、45°、90°、135°、180°、225°、270°、315°）或者由 0～7 编号，共 8 列，端部放矿通常分为 5 个角度（0°、45°、90°、135°、180°）；每一列除了中心孔一个标识颗粒外摆放 7～9 个标识颗粒，常用 8 个；在模型高度方向上每隔设定厚度（如 5 cm）摆放一层标识颗粒，共摆放 8 层。

第五步：放矿开始。底部放矿散体流速较快，散体流出量难以控制，放矿过程中应特别注意。放矿口挡板拔出时散体流出，挡板插上时放矿口关闭，故此，放矿口挡板插拔应迅速。每次放出尽量少的散体直至有标识颗粒放出时停止该次放矿。记录下本次放出标识颗粒编号及达孔量（出现该标志颗粒之前所有放出散体量之和，包括本次放出量），填入事先准备好的表格中（见表6-2）。继续放矿直到下一个标识颗粒出现，同样做好记录，直到第8层标识颗粒出现时即可停止放矿。

表6-2 标志颗粒记录表

序号	当次放出量	放出量（或达孔量）	标志颗粒编号
1			
2			
3			
⋮			

第六步：放矿过程中，随着放矿口散体的放出，散体上部平面逐渐出现漏斗状凹坑时应持续添加散体保持上部压力平衡。

6.1.5.2 平面放矿模型

平面放矿模型可选用透明的材料，可直接观察散体的运动规律。设计的平面放矿模型（见图6-12）由装置架、网格、放矿口侧板、放矿口插槽，放矿口插条、宽度调节插槽和宽度调节插板组成。装置架是主体框架，装置架的前端面上刻有 1 cm × 1 cm 的网格，用来读取实验所得数据。装置架下部设有放矿口插槽，放矿口侧板固定于装置架的内部并与放矿口插槽位于同一水平，放矿口插槽的两端各有一块放矿口侧板。装置架的内部设有宽度调节槽，若干宽度调节插板插入到宽度调节插槽内，实现装置架宽度的调节，以此来适应所研究散体颗粒粒径的变化。若干放矿口插条插入放矿口插槽并贯穿装置架。装置架、放矿口插槽、放矿口侧板、若干放矿口插条以及若干宽度调节插板之间组合可形成半封闭的装置架，而装置架的下端位于放矿口插槽与放矿口侧板的水平位置处为封闭状态。实验

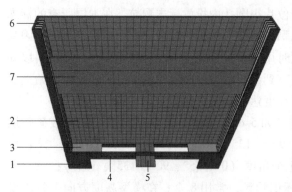

图 6-12 平面放矿模型

1—模型架；2—网格；3—放矿口侧板；4—放矿口插槽；

5—放矿口插条；6—宽度调节插槽；7—宽度调节插板

彩图

过程中，抽出不同数量的放矿口插条，即可实现放矿口宽度的调节。具体实验方法及过程，详见"6.1.6.3 放出漏斗测量法"。

6.1.5.3 一种考虑边壁效应的崩落法端部放矿模型

无底柱分段崩落法是目前国内外地下金属矿山广泛使用的采矿方法，由于崩落的矿石与覆盖岩层直接接触，导致矿石的损失贫化较大。因此建立与无底柱分段崩落法采场结构一致的崩落法端部放矿模型，充分认识并研究不同因素对矿石损失贫化的影响，对于改进矿山的相关结构参数、合理布置采矿工程、降低岩石的混入率、提高矿石的回收率具有重要的意义。

无底柱分段崩落法的采场结构采用菱形布置的方式，整个阶段内的采场是一个整体，即某一分段放矿的初始状态由相邻上一分段放矿的最终状态决定，同时该分段放矿的最终状态也决定了相邻下一分段的初始状态，因此所建立的崩落法端部放矿模型在整个实验过程中也必须是一个整体。目前，已有的崩落法端部放矿模型均是针对某一种或几种因素，各个分段间相互独立，一个阶段内的放矿也不能形成一个整体，这不利于对无底柱分段崩落法中矿岩散体流动规律的系统研究。造成崩落法端部放矿模型与无底柱分段崩落法采场结构不一致的主要原因是受物理模型的限制并未考虑边壁效应，因此在充分考虑边壁效应的条件下，综合了分段高度、进路间距、放矿步距、放矿口尺寸以及边孔角参数，实现了各个分段间放矿的相互联系，使整个阶段内的放矿过程统一为一个整体。

为克服上述现有技术的不足，设计了一种考虑边壁效应的崩落法端部放矿模型，实现了各个分段间放矿的相互联系，使整个阶段内的放矿过程统一为一个整体，如图6-13所示。装置包括模型架、模型插板、放矿机构、连接固定机构：模型架是整个模型的主体框架，模型插板位于模型架的内部并与模型架固定，模型架与模型插板组合可形成四周封闭且上下不封闭的箱体结构；放矿机构位于整个模型的前端，并通过连接固定机构将其与模型插板以及模型架固定在一起。

模型架是主体框架，模型架由型材、T形连接板以及直角连接件组成，并且在模型架上设有连接孔。模型插板均为板状结构，模型插板由正面板、侧面板、侧面插板和背面板组成；正面板由主板和副板组成，主板与副板之间组合可形成垂直槽、倾斜槽和放矿口插槽，且主板和副板上均布置有连接孔；侧面板上布置有侧面插槽，侧面插板插入侧面插槽内并贯通整个模型；背面板由若干插板组成，该组合方式便于矿石和废石的装填以及实验结束后矿石和废石的清理。放矿机构位于整个模型的前端，放矿机构形成了放矿时的边壁，放矿机构由垂直插片、倾斜插片以及放矿口组成；放矿口由上部凹槽与下部凹槽组成。连接固定机构由连接轴、卧式轴支架和十字形轴连接件组成，连接固定机构将放矿机构和模型插板连接并固定于模型架上。

一种考虑边壁效应的崩落法端部放矿模型的工作方法包括如下步骤。

第一步：依据所研究的阶段高度、分段高度、进路间距、放矿步距、放矿口尺寸和边孔角参数确定正面板中的主板与副板的尺寸并制作，以及确定侧面插板插入侧面插槽的位置。

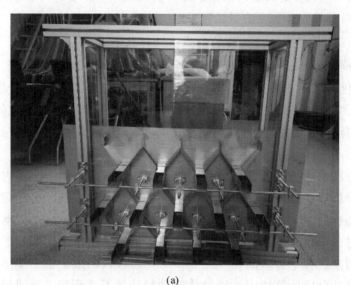

(a)

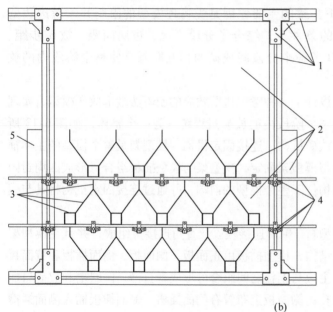
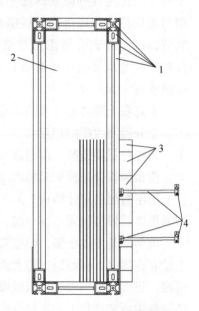

(b)

图 6-13　一种考虑边壁效应的崩落法端部放矿模型

(a) 实物图；(b) 设计图

1—模型架；2—模型插板；3—放矿机构；4—连接固定机构；5—侧面插板　　　彩图

第二步：将正面板中的主板、侧面板固定于模型架内，并在指定的侧面插槽中插入侧面插板。

第三步：从下至上依次按分段将副板通过连接固定机构与模型架连接并在模型架的后端安装插板，若此时模型架后端插板的高度满足实验时，可不安装插板。

第四步：往模型内装填矿石散体，到达既定高度时将放矿机构中的垂直插片、倾斜插片以及放矿口分别插入正面板上所形成的垂直槽、倾斜槽和放矿口插槽内，并通过连接固定机构连接。

第五步：重复上述第三步和第四步，直到到达整个阶段的高度，此时根据设计的覆盖层高度从模型顶部往模型内装填废石。

第六步：实验总的次序为从上至下。首先根据设计的放矿顺序在指定位置处抽出放矿口中的上部凹槽并开始放矿，放矿截止后开始下一放矿口放矿。当某一分段出矿完毕后，将该分段内的垂直插片和倾斜插片完全抽出，并将放矿口中的下部凹槽部分抽出，下部凹槽的一端位于正面板内。该步骤完全由设计的出矿顺序决定，这里只给出按分段高度依次放矿，但放矿顺序不局限于此。

第七步：进行下一分段放矿，重复第六步直到完成所有放矿口的放矿。

第八步：放矿实验结束，拆卸连接固定机构以及模型架后端的插板，清理模型并将模型恢复到初始状态。

6.1.5.4 一种可调节的缓倾斜中厚矿体放矿实验装置

无底柱分段崩落法是目前国内外地下金属矿山广泛使用的采矿方法，该方法最初主要用于开采急倾斜厚矿体或缓倾斜急厚矿体，随着放矿理论的不断发展以及无轨自行设备的普遍使用，目前已用于开采倾斜中厚矿体。无底柱分段崩落法应用于倾斜中厚矿体时，其主要缺点之一就是矿石损失贫化较大，因此充分认识并研究不同条件下矿岩散体的流动规律，对于改进矿山的相关结构参数、合理布置采矿工程、降低岩石的混入率、提高矿石的回收率具有重要的意义。目前，已有的倾斜中厚矿体放矿实验装置均是针对某一矿山，可调节参数单一，不能够综合地体现出矿体倾角、矿体厚度、分段高度以及放矿步距对散体流动规律的影响，不利于对倾斜边壁条件下散体流动规律的系统研究。

为克服上述现有技术的不足，设计了一种可调节的倾斜中厚矿体放矿实验装置（见图6-14），实现了矿体倾角、矿体厚度、分段高度以及放矿步距的调节。

(a)

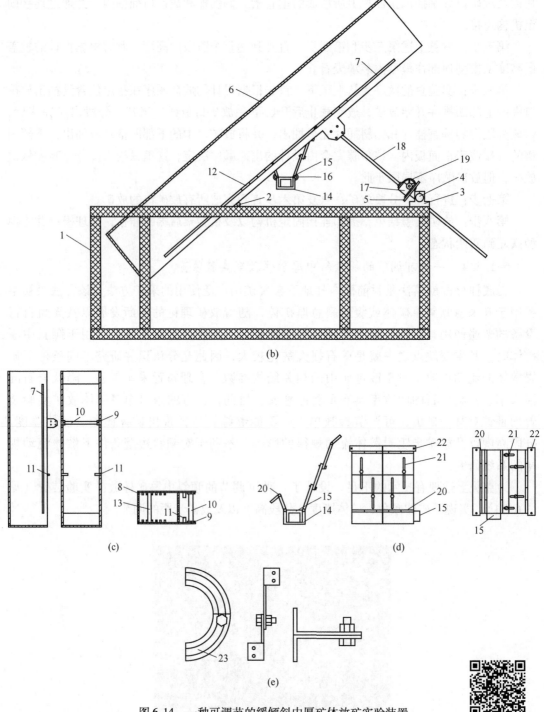

图 6-14　一种可调节的缓倾斜中厚矿体放矿实验装置

（a）实物图；（b）装置结构示意图；（c）放矿箱体的结构示意图；

（d）放矿口机构的结构示意图；（e）角度调节架结构示意图

1—装置架；2—连接圆管一；3—轴固定座一；4—轴一；5—连接底座；6—放矿箱体；7—插槽一；8—插槽二；

9—轴固定座二；10—轴二；11—连接圆管二；12—插板一；13—插板二；14—放矿槽；15—角度调节架；16—放矿盖；

17—蜗轮减速机；18—丝杆；19—手柄；20—铰链连接；21—可调节槽；22—定位孔；23—可调节半圆槽

一种可调节的倾斜中厚矿体放矿实验装置，包括装置架、放矿箱体、放矿口机构、升降装置；放矿箱体设置于装置架上，放矿箱体端部通过升降装置与装置架连接，放矿箱体下部设有放矿口机构；实现了矿体倾角、矿体厚度、分段高度以及放矿步距的调节。

装置架是主体框架，装置架上设有连接圆管一；端部设有轴固定座一，轴固定座一通过轴一与连接底座连接。放矿箱体为箱体结构，箱体上设有插槽一、多个插槽二；箱体上设有轴固定座二，轴固定座二内设有轴二；箱体上设有连接圆管二，连接圆管二与连接圆管一轴接；箱体的前端为半空状态。放矿口机构与放矿箱体连接，放矿口机构包括放矿槽、放矿盖、角度调节架，放矿槽通过角度调节架与放矿箱体连接，放矿盖位于放矿槽内，放矿槽分为两部分。升降装置包括蜗轮减速机、丝杆、扁头头部、手柄；蜗轮减速机固定在连接底座上；蜗轮减速机与手柄连接，丝杆贯穿蜗轮减速机采用啮合连接，丝杆顶端通过扁头头部与放矿箱体连接，摇动手柄可实现丝杆的往复运动。

本实验装置结构配合关系为：（1）装置架上的连接圆管一与放矿箱体上的连接圆管二通过轴连接并构成铰链连接的形式，放矿箱体上轴二与丝杆通过扁头头部连接在一起，丝杆位于蜗轮减速机内，蜗轮减速机固定在装置架上部的连接底座上，在该连接方式下摇动手柄即可实现放矿箱体角度的调节；（2）在放矿箱体上不同位置的插槽二内插入插板二即可实现箱体厚度的调节；（3）在放矿箱体上的插槽一内插入不同尺寸的插板一和调节好的放矿口机构，即可实现分段高度的调节；（4）角度调节架与放矿槽通过螺钉连接在一起，为了连接的方便将放矿槽分为两部分，放矿槽插入放矿箱体上的插槽一内后，将调节架与放矿槽连接，其中位于中部的调节架起到连接两部分放矿槽的作用，通过调节调节架上的可调节半圆槽的位置，即可实现放矿槽侧翼角度的调节，同时通过调节放矿槽上可调节槽的位置，即可实现放矿槽侧翼长度的调节，通过上述方式实现放矿机构的调节，放矿机构的调节主要是为了适应放矿箱体倾角的变化以及满足边孔角、采矿工程布置要求；（5）放矿时在放矿口机构内抽出不同距离的放矿盖实现放矿步距的调节。

一种可调节的倾斜中厚矿体放矿实验装置的工作方法，包括如下步骤。

第一步：依据矿体的倾角调节箱体倾角，依据矿体的厚度在指定位置处的插槽二内插入插板二。

第二步：依据分段高度以及矿体的倾角，选取适宜的插板，并调节放矿槽侧翼的长度以及角度调节架。

第三步：根据设计的分段在插槽一内插入插板一以及调节好的放矿口机构，安装放矿槽中部的角度调节架并在放矿口机构的前端、末端放置挡板一。

第四步：在放矿槽内放入岩石，并在箱体边界处放置挡板二。

第五步：在放矿箱体内放入矿石，到达指定位置处放入岩石。

第六步：抽出挡板二，形成放矿的初始条件。

第七步：依据放矿步距抽出一定距离的放矿盖。

第八步：按一定的放矿方式进行放矿，到达既定条件时完成一个步距的放矿。

第九步：重复上述的第七步和第八步，直到完成本分段的放矿，放矿中统计相关的实验数据。

第十步：进行下一分段的放矿，重复第七、八、九步，直到完成所有分段的放矿。

第十一步：放矿实验结束，从上往下依次抽出插槽二内的插板二或放矿口机构，铲出装置内的矿岩散体。

第十二步：实验结束，清理装置并将装置恢复到初始状态。

6.1.5.5　一种实验室自动检测岩石混入的放矿系统装置

无底柱分段崩落法是目前国内外地下金属矿山广泛使用的采矿方法，其主要缺点之一就是矿石损失贫化较大，因此充分认识并研究不同条件下以及不同的出矿过程所导致的不同岩石混入率，对于改进矿山的相关结构参数、降低岩石的混入率、形成科学合理的覆盖岩层具有重要的意义。

目前，在现有的放矿实验中，均是人工出矿、人工分选、人工称重、人工记录等，因此在放矿实验过程中劳动强度较大、实验工序较烦琐，且测定的岩石混入率受人为因素的影响较大，这在一定程度上降低了实验精度不利于对放矿实验的科学研究。

一种实验室自动检测岩石混入的放矿系统装置（见图6-15），将传统的放矿实验与传感器技术、自动化控制技术等相结合，实现了自动检测放矿过程中所导致的岩石不同混入率。同时该系统装置采用机械化出矿，自动化控制，使出矿标准化，极大地降低了人为因素对岩石混入率的影响，尤其是在每次出矿时的铲取量、铲取深度和铲取方式对测定值的影响，使放矿实验的效率和准确性都有了极大的改善和提高。该系统装置记录和监测整个放矿过程，实时采集相关实验数据使放矿过程数据实时化，方便对实验现象进行分析与总结。

为实现自动检测岩石混入率，该放矿系统装置由放矿箱体、出矿装置、分选装置、称重装置、显示装置和PLC控制系统组成，辅助部分包括梯子、分选装置防护罩等。

放矿箱体由透明的亚克力板材料制成，该模型主要有两部分组成，一部分是模型的整体框架，这部分是一个整体，用来承担矿岩的全部重量。另一部分是模型的附属结构，主要包括巷道活动盖板、中部活动插板、背面封盖和背面活动插板等，该部分的主要作用是方便装矿、检修，以及实验结束后装置的清理工作等。箱体位于分选装置防护罩上部，通过螺栓与防护罩固定在一起，且防护罩与梯子连接，形成一个整体。在距离出矿口60 mm处设有插槽，用于装矿岩时分割矿岩以免提前混杂，并通过抽取中部活动插板来模拟矿山爆破过程。为了在实验过程中便于观察矿岩的流动规律、矿岩的降落高度以及矿岩混入的状况等，整个箱体采用透明的亚克力材料且在出矿口的两侧分别标有刻度。在箱体的后部设有活动板插槽和预留孔，方便日后装卸矿岩，以及在实验结束后对剩余矿岩进行清理等工作。箱体的底座留有轨道、气缸、电磁阀等配件的安装位置，在巷道内留有卸料口的位置。

出矿装置由铲身、铲盖、导向机构、直线导轨、气缸、气泵、电磁阀等组成。该部分位于放矿箱体出矿口前部，且位于分选装置的上部。铲子由铲身和铲盖两部分组成，铲子的卸矿方式采用后卸式，铲子的顶部与直线导轨连接并与滚轮一起导轨内做直线运动。铲身与铲盖通过连接轴和螺母连接在一起，当铲子运动到卸口处，靠铲身的自身重量、铲取矿岩的重量以及在导向机构的作用下将铲子缓慢地打开，将矿岩倒入下部的分选装置中。当铲子运动到指定位置时（矿岩均倒入分选装置中），在气缸的作用下铲子改变运动方向，在底部导向机构的作用下以及气缸的向前推进作用下铲子将缓慢地闭合，继续运行且循环往复执行铲取任务，直到控制系统发出停止命令或人工停止运动。

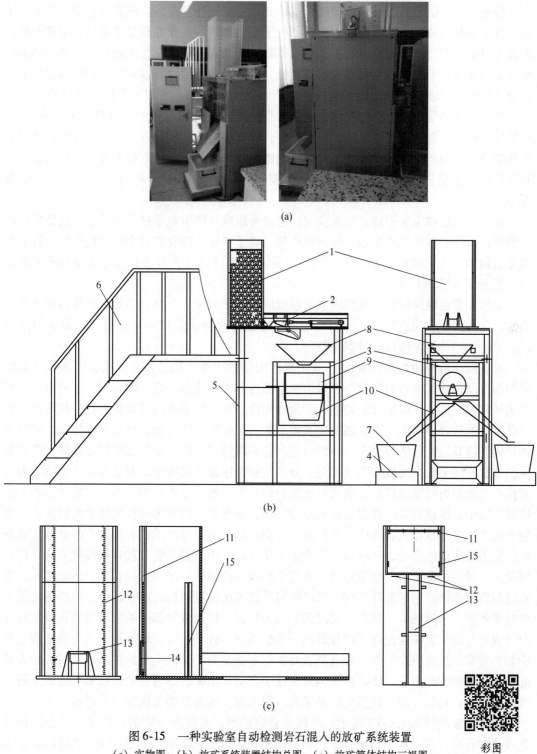

(a)

(b)

(c)

图 6-15　一种实验室自动检测岩石混入的放矿系统装置

（a）实物图；（b）放矿系统装置结构总图；（c）放矿箱体结构三视图

1—放矿箱体；2—出矿装置；3—分选装置；4—称重电子秤；5—分选装置防护罩；6—梯子；

7—接收容器；8—选装置接收料斗；9—分选装置磁滚筒；10—分选装置溜槽；11—背面活动插板；

12—刻度条；13—出矿巷道活动盖板；14—背面封盖；15—中部活动插板

彩图

分选装置由磁滚筒、电机、振动电机、支架、变频器等组成。该部分位于出矿装置下部，且位于分选装置防护罩内部，变频器位于控制柜内。工作原理是依据磁性滚筒对磁铁矿具有吸引力而对废石无吸引力的原理，当磁铁矿和岩石接触磁性滚筒后，下落时的旋转半径不同将落在不同的位置，在这些位置处分别放置矿石接收容器和岩石接收容器用来接收分开的矿石和废石。振动电机是防止矿岩在料斗中堵塞，安装在分选装置接收料斗侧部。变频器作用是调控电机的转速使不同粒径的矿岩散体得到较好的分离。工作流程为，出矿装置将矿岩倒入分选装置的接收料斗中，接收料斗的底部有开口且开口可调，此时矿岩从接收料斗的开口处流出到达分选装置的磁性滚筒上，经磁性滚筒的分选将矿岩分离并到达各自的溜槽内，溜槽有一定的倾角，矿岩在重力的作用下分别流入各自的接收容器中。

称重装置由称重电子秤、称重仪表、电源等组成。称重电子秤分别位于分选装置的两个溜槽出口处。称重仪表固定于控制柜外部。电子秤称量接收容器中的重量信号，将实际的重量值转化为电信号，电信号然后传入称重仪表并转化为标准的 4～20 mA 的电流信号，接着传入到 PLC 中。

显示装置由触摸屏和计算机组成。触摸屏固定于控制柜外部。显示装置将接收来的电信号转化为相对应的重量值，然后将这些重量值处理分析后以一定的形式在显示器中显示，并将这些数值和曲线记录保存打印。

放矿系统流程如图 6-16 所示，其中放矿箱体的主要作用是按一定的比例来模拟矿山结构参数及其崩落矿石和松散覆盖岩层在采场内的赋存状态，其下部只有一个放出口，可用来研究单一放出口放矿时矿岩散体的运动规律、放出体参数以及发育过程、矿石损失和贫化发生的机理等问题。出矿装置用来模拟矿山铲取矿岩的过程，将放矿箱体中的矿岩散体铲出并将其运到分选装置中，该部分控制着铲取深度、铲取量及出矿铲速度等，出矿装置是放矿系统装置中的核心组成部分。分选装置作用是依据磁滚筒对磁铁矿产生吸引力而对废石无吸引力的原理将矿石和岩石的混合物分开，然后把矿石和岩石分别输送到各自的接收容器中，该部分是计算岩石混入率的关键，决定着实验的准确性和结果的精度。称重装置的作用是称量接收容器中的重量值，即把已经铲出并分好的矿石和岩石的重量信号分别转化为相应的电信号，且将该信号传输到接收仪器中。显示装置就是把接收来的电信号转化为相对应的重量值，然后将这些重量值处理分析后以一定的形式在显示器中显示，并将这些数值和曲线记录保存打印。PLC 控制系统实现装置的自动控制，动态监测每次的出矿效果和整个系统的运作状态，实时采集相关数据，控制着每部分的启动与停止以及各部分装置运行的先后顺序使这几部分形成一个整体统一协调配合运作。梯子是方便实验过程中装矿与实验后的清理工作。分选装置防护罩主要是为了降低尘源的扩散以及对实验人员起到安全保护的作用。该放矿系统装置实现了自动化出矿、分选、数据收集与处理分析和整个过程的自动化控制，并且实时显示岩石混入率，动态监测每次的出矿过程。

装置实验流程如图 6-17 所示，系统装置启动前，需按照一定的比例根据矿山结构参数装填矿石和岩石（矿石指磁铁矿，岩石指不含磁性的石英岩或白云岩），然后启动系统装置。系统装置启动后，控制系统首先对各部分装置进行检测，当检测结果均正常后进入工作部分，否则控制系统发出故障警报。实验开始前，需输入实验相关参数并将称重装置清零，然后单击实验开始按钮。实验开始后，分选装置先启动，然后出矿装置启动。出矿

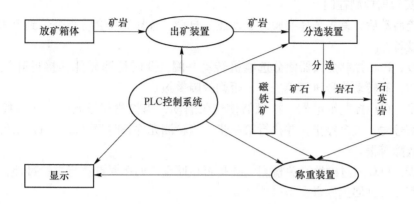

图 6-16 放矿系统流程图

装置铲取放矿箱体中的矿岩散体并将其卸入到分选装置中，接着分选装置将卸入的矿石和岩石分离并分别输送到各自的接收容器中，然后称重装置分别称取接收容器中的矿石和岩石的重量值，显示装置将接收到的重量值处理计算分析后以一定的形式在显示器中显示，并将这些数值和曲线记录保存。当实验结果满足输入的实验参数或是控制系统发出停止命令时，实验结束，否则系统将继续运行且循环往复执行放矿任务。实验结束时，先停出矿装置然后停分选装置，接着保存相关实验数据，等待下一次实验或关闭系统装置。如 PLC 控制系统检查到装置处于非正常状态或在工作中出现非正常操作，系统装置将终止实验并发出故障警报信号。

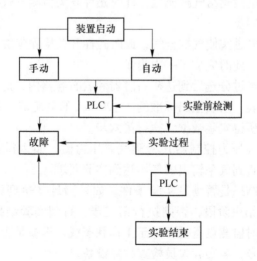

图 6-17 实验流程图

控制系统由 PLC、电源模块、输入/输出模块、交换机、空气开关、继电器、接触器、接近开关、磁性开关、压力控制器、编程软件、监控软件等组成。该部分除软件外均固定于控制柜内。为满足实验需求，控制系统可分为实验前检测控制、实验过程控制、实验结束控制三个部分。

（1）实验前检测控制。

当系统启动后，首先选择实验是手动还是自动，选择好后会将指令传到 PLC 中，PLC 开始检测设备。

第一步，PLC 控制变频器使分选电机转动一圈，此时检测元件（接近开关）检测电机是否转动，有转动信号执行第二步，否则故障警报。

第二步，PLC 控制继电器、接触器使气泵启动，当检测气压元件（压力控制器）检测到压力信号时，气泵停止，并执行第三步，当检测元件长时间（20 min）未检测到压力信号时，故障警报。

第三步，PLC 通过磁性开关检测气缸是否在原点，如在原点执行实验过程，否则通过控制电磁阀使气缸回到原点。

（2）实验过程控制。

当 PLC 未检测到任何故障时，可执行该部分。在执行该部分时，首先输入实验参数。参数包括电机的转速、矿石品位、废石品位、实验次数（或截止混入率）。其中实验次数和截止混入率为实验结束的条件，当实验次数达到设定次数或实验结果所得品位值达到截止混入率时实验停止。手动实验相当于实验次数为 1。

第一步，按下实验开始按钮，PLC 通过控制变频器启动分选电机，电机启动后执行第二步。在实验过程中，检测元件（接近开关）实时检测电机是否转动，如未转动，实验停止并发出故障报警。

第二步，PLC 通过继电器、接触器启动振动电机，振动电机的启动延迟 3 s。启动后，执行第三步。

第三步，PLC 通过电磁阀给气缸充气，此时磁性开关检测气缸行程，当检测到气缸到达最大行程时，执行第四步。

第四步，PLC 通过电磁阀使气缸排气，此时磁性开关检测气缸行程，当检测到气缸到达原点时，执行第五步。此时完成了一次出矿。

第五步，矿岩散体经过分选后到达矿石容器和岩石容器内，此时称重传感器将重量信号转化为电信号传到仪表，仪表输出标准的 4～20 mA 的电流信号并传到 PLC 中。PLC 转化、记录、处理、显示所得实验数据，执行第六步。

第六步，检测元件（压力控制器）检测气泵压力值，如达到实验压力要求则执行第七步，否则气泵启动，直到气泵输出的气压达到实验要求。

第七步，检验实验结果是否满足实验条件，如果满足（达到设定的实验次数或是达到截止品位）进入实验结束阶段，否则执行第三步，直到实验结果满足实验条件。并且在此过程中检测元件实时监测设备是否处于工作状态或是设备是否在指定位置，如有特殊情况，PLC 发出警报信号，需实验人员检查故障设备。

（3）实验结束控制。

第一步，PLC 控制继电器、接触器使气泵停止工作。

第二步，PLC 通过控制继电器、接触器停止振动电机，并执行第三步。

第三步，PLC 通过控制变频器停止分选电机，并执行第四步。

第四步，保存实验数据，实验结束，并执行第五步。

第五步，等待下一次实验或关闭系统装置。

6.1.6　物理放矿实验方法

物理放矿实验是研究散体运动规律的基础，通常是基于所设计的放矿模型采用标志颗粒和放出量方法获得放出体或者放出漏斗等物理参数，从而计算出放矿理论中的未知参数（如放出体的偏心率），进一步了解散体的运动规律并指导工程实践。目前，常用的方法包括放出体直接测绘法、放出体达孔量法、放出漏斗测量法。

6.1.6.1　放出体直接测绘法

放出体直接测绘法就是直接按放出体定义测绘放出体形态：在散体堆里预先放置标志颗粒，对于一定的放出量，通过所放出的标志颗粒的位置推断所放出散体在原散体堆里占据的空间位置，圈绘出放出体边界。具体实验方法详见"2.1.2 放出体"中关于放出体测定的描述。

该种方法实验工作量较小，简单易行，但误差较大。误差原因主要是标志颗粒出现即停止放矿这一条件难以实现，以及标志颗粒可能偏离设定位置等。

6.1.6.2　放出体达孔量法

达孔量法的理论依据是放出体的性质，即位于放出体表面上的颗粒同时从漏斗口或放出口放出。达孔量法是一种先测定散体堆内的达孔量场，依据放出体表面是达孔量的等值面来确定放出体形态，称之为达孔量法。这种方法测定的结果比较精确。

达孔量法也是在散体堆里预先设置标志颗粒，测量每一标志颗粒的达孔量值，即每一颗粒到达漏口时对应的放出量，由颗粒位置与其达孔量数值关系，确定出散体堆内每一纵剖面或横剖面的达孔量场，进而确定出放出体边界（放出体的轮廓和外形）。绘制达孔量图的步骤包括（以底部放矿为例）。

第一步：达孔量图的横坐标表示与中心孔的距离(r)，以 1 cm 为一个单位；纵坐标表示颗粒到达放矿口时的累计放出矿石量（达孔量 Q），一般以 300 g 左右为一个单位。

第二步：同一个方位角度上，同一高度的几个标识颗粒的达孔量绘成一条曲线。放矿实验中标志颗粒摆放了多少个角度就应画出多少个达孔量图（底部放矿有 8 个达孔量图，端部放矿有 5 个）。每个达孔量图表示在该角度上不同层位的颗粒到达放矿口的达孔量，也表示在该角度上不同层位的颗粒到达放矿口的时间。

第三步：绘制各个角度的纵剖面图。每个角度的纵剖面图是由对应角度的达孔量图转换过来的。纵剖面图的横坐标表示与中心孔的距离(r)，以 1 cm 为一个单位（比例可以和达孔量图的横坐标比例相同，也可以不同）；纵坐标表示不同层的高度(H)，以 1 cm 为一个单位（比例应该和横坐标保持一致）。绘制好的达孔量曲线如图 6-18 所示。

第四步：绘制放出体。（1）确定所要绘制放出体的达孔量值，例如图 6-19(a) 中所要绘制的达孔值为 2000；（2）在达孔量图上，依据达孔量值绘制一条与横轴平行的直线并与其他达孔量曲线相交，确定各交点（见图 6-19(a)）位置坐标(r_i, H_i)；（3）用光滑的曲线连接所确定的各交点(r_i, H_i)，即可绘制出放出体，同理也可以绘制出同一个方位角度下不同达孔量所对应的放出体，如图 6-19(b) 所示；（4）将不同方位角度下，同一达孔量所对应的点($r_{\theta i}$, $H_{\theta i}$)用光滑的曲面连起来，即可得到三维空间内的放出体，如图 6-19(c) 所示。

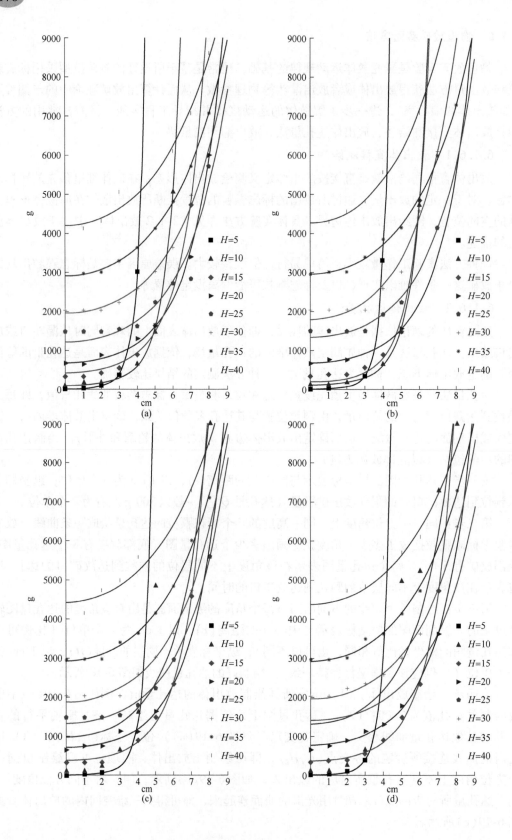

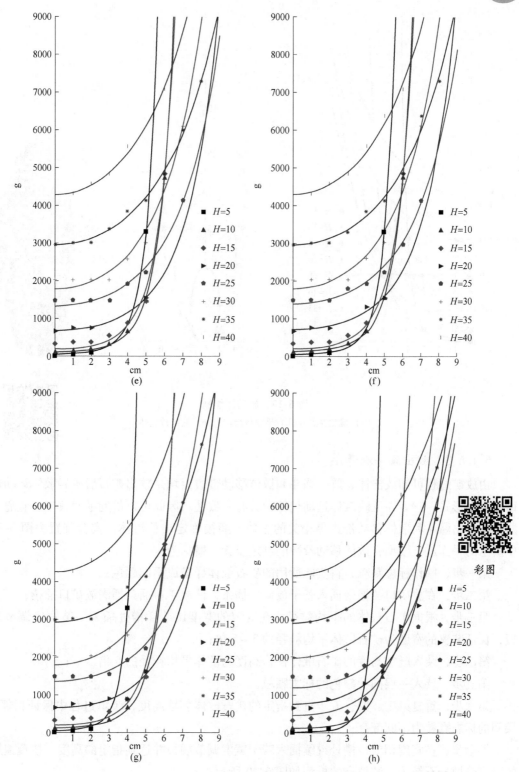

彩图

图 6-18 达孔量曲线

（a）0°达孔量实验曲线；（b）45°达孔量实验曲线；（c）90°达孔量实验曲线；（d）135°达孔量实验曲线；
（e）180°达孔量实验曲线；（f）225°达孔量实验曲线；（g）270°达孔量实验曲线；（h）315°达孔量实验曲线

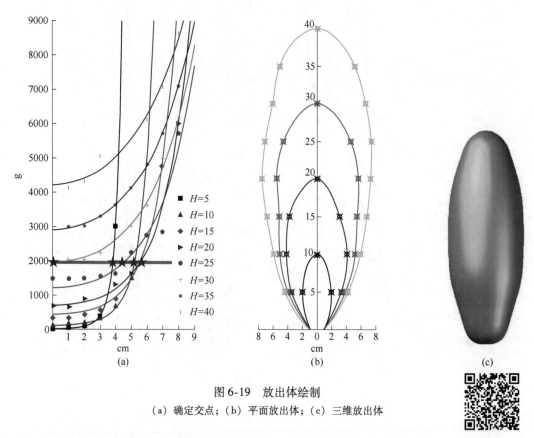

图 6-19　放出体绘制

（a）确定交点；（b）平面放出体；（c）三维放出体

彩图

6.1.6.3　放出漏斗测量法

由放矿过程可知放出体、放出漏斗和散体移动带边界均是放出矿石后矿岩散体运动规律的表现形式，三者在反映散体运动规律中具有一致性。因此可以借助平面放矿实验通过测定与放出漏斗和散体移动带边界相关的参数，间接确定出放出体。实验装置为图 6-12 中所示的平面放矿模型，散体移动参数的测定步骤可概括为：

第一步，制作标志颗粒，将实验所用的矿石散体样染成不同颜色；

第二步，在放矿口插槽处插入若干放矿口插条，使放矿口插条插满放矿口插槽；

第三步，根据矿石散体的平均粒径，在既定的宽度调节插槽处插入一节宽度调节插板，保证装置的宽度为矿石散体平均粒径的 3～5 倍；

第四步，装入既定高度的矿石散体样，高度为散体平均粒径的 5 倍以上；

第五步，装入一层同种颜色的标志颗粒；

第六步，重复第三、四、五步直到指定的矿石散体装填高度，装填过程中保证相邻 3 层间的标志颗粒为不同颜色；

第七步，在宽度调节插槽处继续插入若干宽度调节插板并达到指定的高度，按覆盖层的高度装填岩石散体，装填完的模型如图 6-20 所示；

第八步，根据放矿口的尺寸，从放矿口插槽处的中间部位同时抽出与放矿口尺寸相当的若干放矿口插条；

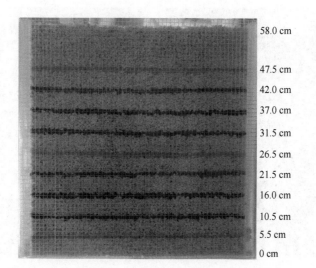

彩图

图 6-20 装填完白云岩和标志颗粒的平面放矿模型

第九步，从装置的底部开始放矿，当某一层上的标志颗粒正好到达放矿口插槽时，记录该层标志颗粒距放矿口插槽的高度和该层所形成放出漏斗的宽度，即测定降落漏斗参数，如图 6-21 所示；

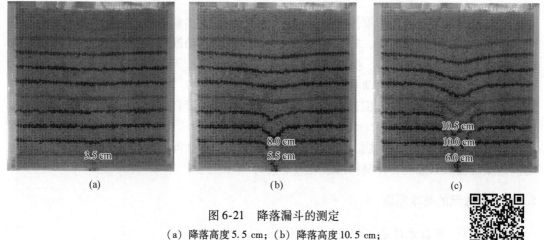

图 6-21 降落漏斗的测定

（a）降落高度 5.5 cm；（b）降落高度 10.5 cm；

（c）降落高度 16.0 cm

彩图

第十步，重复第九步，直到最高度的标志颗粒到达放矿口插槽，放矿实验过程持续充填岩石并保持覆盖层的高度不变；

第十一步，继续放矿，直到每一层的标志颗粒无明显的变化或无标志颗粒放出，放矿实验过程仍保持覆盖层的高度不变；

第十二步，统计每一层上标志颗粒距放矿口插槽的高度和该层的散体移动带边界宽度，散体移动带边界的测定如图 6-22 所示。

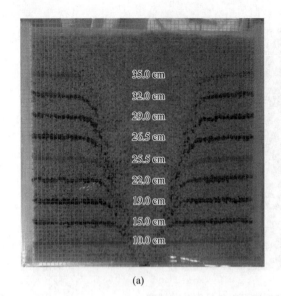
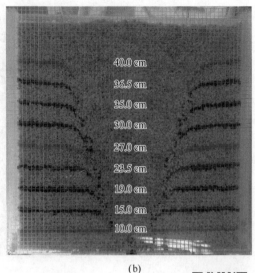

（a）   （b）

彩图

图 6-22　散体移动带边界的测定
（a）降落高度 116 cm；（b）降落高度 290 cm

6.2　数值模拟放矿实验

　　散体是一种介于固体和液体之间的物质，它的组成、加载条件和边界条件通常是很复杂的。相比于物理模拟实验，数值模拟实验在研究散体运动规律方面具有较为广泛的适用性，例如可直接形成放出体、实时监测散体颗粒移动迹线、辨识散体移动产物等。因此，数值模拟实验是研究散体运动规律的有效便利工具之一。

　　目前在散体运动规律方面较为常用的数值分析方法是离散元法。离散元法（或离散单元法）是由 Cundall 于 1971 年提出来的，该法适用于分析在准静力或动力条件下的节理系统或块体结合的力学问题，是一种适用于解决非连续性问题的数值方法，它仅由颗粒之间的微观参数来表现各种材料的宏观力学行为。

6.2.1　离散元的基本原理

6.2.1.1　离散元的基本假定

　　在离散元方法中，作如下基本假定：（1）颗粒被视为刚性体；（2）颗粒之间的接触范围很小，即点接触；（3）颗粒之间的接触特性为柔性接触，允许颗粒之间出现一定的"重叠"；（4）"重叠"量的大小与接触力有关，与颗粒单元尺寸相比，"重叠"量较小；（5）颗粒接触部位有连接约束，可以建立黏结特性；（6）颗粒为圆形（球形），颗粒间的聚集可形成其他形状或边界。

　　由于颗粒被假定为刚体，颗粒在受力过程中就不会发生变形。这是个很好的假定条件，因为大部分颗粒系统的变形是由于颗粒的平动和转动造成的，而不是由于单个颗粒的变形造成的。因此，准确模拟单个颗粒的变形就没有必要。

6.2.1.2 力—位移方程

力—位移方程描述了颗粒间接触处的相对位移和接触力之间的关系。设颗粒间的法向接触力为 F_n，颗粒间的相对位移为 u_n，则颗粒间法向力—位移方程如式（6-40）所示：

$$F_n = k_n u_n \tag{6-40}$$

式中 k_n——法向接触刚度。

颗粒间的切向剪力使用增量的形式来描述，设颗粒间切向剪力增量为 ΔF_s，切向相对位移为 Δu_s，则颗粒间切向力—位移方程如式（6-41）所示：

$$\Delta F_s = k_s u_s \tag{6-41}$$

式中 k_s——切向接触刚度。

6.2.1.3 运动方程

颗粒的运动形式由作用其上的合力和合力矩决定时，可用单元内一点的平移运动和旋转运动来描述。运动方程描述了单个颗粒的平动和转动。首先，根据颗粒上的力和力矩，计算颗粒的平动加速度和转动加速度；然后，根据平动加速度和转动加速度，计算颗粒在时间 Δt 内的平动速度和转动速度以及平动位移和转动位移。设在时间 t_0 时颗粒在 x 方向的合力为 F_x，弯矩为 M_x，颗粒质量为 m，转动惯量为 I_x，则颗粒在 x 方向的平动加速度和转动加速度分别为：

$$\ddot{u}_x(t_0) = \frac{F_x}{m} \tag{6-42}$$

$$\dot{w}_x(t_0) = \frac{M_x}{I_x} \tag{6-43}$$

在时间 $t_1 = t_0 + 0.5\Delta t$ 时，颗粒在 x 方向的平动速度和转动速度分别为：

$$\dot{u}_x(t_1) = \dot{u}_x\left(t_0 - \frac{\Delta t}{2}\right) + \ddot{u}_x(t_0)\Delta t \tag{6-44}$$

$$w_x(t_1) = w_x\left(t_0 - \frac{\Delta t}{2}\right) + \dot{w}_x(t_0)\Delta t \tag{6-45}$$

在时间 $t_2 = t_0 + \Delta t$ 时，颗粒在 x 方向的位移为：

$$u_x(t_2) = u_x(t_0) + \dot{u}_x(t_1)\Delta t \tag{6-46}$$

在颗粒计算中，交替应用力—位移方程和运动方程实现循环计算过程。由牛顿第二定律确定每个颗粒在接触力和自身力作用下的运动，由力与位移关系对接触点处的位移产生的接触力进行更新。

6.2.1.4 边界条件

在离散元方法中，可以通过墙体和球对颗粒体系施加边界条件。静止的墙体设置在模型边界可以模拟模型受到的约束。墙体可以设置一定的平动速度和转动速度对模型进行加载，在加载过程中，墙体的速度始终保持不变。但是，不能在墙体上施加荷载。可以通过对球体施加荷载的方式模拟模型边界的受力。球体一旦施加荷载，在整个模拟过程中，球体上施加的力将始终保持不变。此外，也可以通过对球体施加速度的方式模拟模型的边界条件。当球体所施加的速度被固定时，球体的速度在整个模拟过程中将始终保持不变；当球体所施加的速度没有被固定时，球体的速度将根据受力情况发生变化。

6.2.1.5　时间步长

在离散元显式求解中，仅当时间步长小于一个临界时间步长时，才能保证求解的稳定。这个临界时间步长和整个模型的最小固有周期有关。然而，对于颗粒数量庞大并且持续变化的颗粒系统而言，进行模型特征值分析是不可行的。因此，在离散元模拟中，在每一个分析步开始时，使用一种简化的方法来估算系统的临界时间步长。在每个分析步中所使用的实际时间步长则是所估算临界值的分数。下面介绍临界时间步长的估算方法。

首先，考虑一个一维质点—弹簧系统的情况。质点的质量为 m，弹簧的刚度为 k。质点的运动服从微分方程： $-kx = m\ddot{x}$，与这个方程二阶有限差分求解对应的临界时间步长为：

$$t_{crit} = \frac{T}{\pi} \tag{6-47}$$

式中　T——系统的运动周期。

然后，考虑无穷多个质点—弹簧系统串联的情况。当所有质点做同步反向运动时，这个系统的运动周期最短，临界时间步长如式（6-48）所示：

$$t_{crit} = \sqrt{\frac{m}{k}} \tag{6-48}$$

上述两个系统是针对平动的情况。转动时可以由相同的系统来分析，但是要把质量 m 替换成转动惯量 I，并且要把平动刚度换成转动刚度。因此，无穷串联质点—弹簧系统的临界时间步长如式（6-49）所示：

$$t_{crit} = \begin{cases} \sqrt{m/k^{tran}} \\ \sqrt{I/k^{rot}} \end{cases} \tag{6-49}$$

式中　k^{tran}，k^{rot}——分别为平动刚度和转动刚度。

在实际离散元模型中，模型可简化为一系列质点—弹簧系统。颗粒可以视为质点，接触可以视为弹簧。每个颗粒的质量和接触处的刚度可能不相同。在实际计算时，首先利用式（6-49）逐一计算每个颗粒在各个自由度上的临界时间步长，最后计算所使用的临界时间步长是所有颗粒在所有自由度上的临界时间步长的最小值。

6.2.2　矿岩散体物理力学性质标定方法

在离散元方法中，由于 PFC 可用来模拟矿岩散体的运动、旋转以及散体间相互作用等非线性行为，目前 PFC 已经被广泛地应用于研究矿岩散体的各项力学行为以及采矿工艺中。PFC 的基本原理是采用介质最基本单元（颗粒）、最基本的颗粒运动法则（牛顿第二定律）以及颗粒间的接触本构模型来描述介质的复杂力学行为。不同颗粒间通过接触点处的力和力矩产生相互作用，在特定条件下不断更新颗粒间的接触力和力矩，并通过离散元的方法计算系统的时间演化，从而为牛顿运动方程提供了一种显式的动态解决方案。

颗粒间接触本构模型体现了接触之间的力学特征并控制着颗粒间相互作用力和力矩的更新，因此正确反映矿岩散体的性质，需要选择合理的接触本构模型及其细观参数。目前 PFC 提供了 9 种接触本构模型，其中常用来模拟无黏连矿岩散体的接触本构模型有 3 种，分别为 Line Model（线性接触模型）、Hertz Contact Model（赫兹接触模型）和 Rolling Resistance Linear Model（抗转动线性接触模型）。当然 PFC 也允许用户自定义接触本构模型来实现材料的宏观本构性质。

矿岩散体由大量的非均匀岩块组成，这些岩块很难去定量的描述其几何形态，虽然 PFC 也可以通过 Clump（颗粒簇）将小颗粒组合在一起形成不同形状的岩块或将颗粒直接黏结在一起形成岩块，但去描述这些岩块的几何形态以及形成如此大量的矿岩散体均不太现实，这也会极大地降低计算机的计算速度，尤其当颗粒数目很庞大时模拟极有可能失真。但在离散元方法中可以用滚动摩擦系数的大小来模拟颗粒的形状，PFC 提供的众多接触本构模型中，Rolling Resistance Linear Model（抗转动线性接触模型）增加了抗转动系数，原理是在接触点上增加了与接触颗粒间相对转动时呈线性增加的内力矩，这会降低颗粒的转动能力，这与非均匀岩块的性质极其接近，因此在模拟矿岩散体时推荐采用抗转动线性接触模型或是将线性接触模型、赫兹接触模型和抗转动线性接触模型组合应用分别赋予不同性质的散体颗粒。

本书后续数值模拟主要是基于抗转动线性接触模型。抗转动线性接触模型与线性接触模型相似，只是内部弯矩随着接触点上累积的相对转动线性增加。当该累积量达到法向力与滚动摩擦系数和有效接触半径乘积最大时，达到极限值。抗转动线性接触模型线性接触抗转动模型的力—位移方程为：

$$F_c = F^l + F^d \tag{6-50}$$
$$M_c = M_r \tag{6-51}$$

式中　F_c——为颗粒所受到的接触力，N；

M_c——接触力矩，N·m；

F^l——线性接触力，N；

F^d——为阻尼力，N；

M_r——抗转动力矩，N·m。

在模拟计算过程中随着散体颗粒的运动，线性接触力与阻尼力随着颗粒间法向与切向接触位移量的改变而更新，抗转动力矩随着颗粒间相对转动增量的变化而更新。抗转动线性接触模型中微观参数主要包括颗粒的有效模量 E^*，法向和切向刚度比 k^*，摩擦系数 f，抗转动系数 $r_{r,f}$。摩擦系数 f 和抗转动系数 $r_{r,f}$ 是影响散体移动特性的主要影响因素，需通过散体物理实验进行标定。

矿岩散体的物理力学性质主要包括散体的密度、块度及级配、内摩擦角和黏聚力，其中散体的密度、块度及级配可以直接设定具体值，散体的内摩擦角和黏聚力可以借助数值剪切实验直接获得，也可以间接通过放出体或自然安息角的大小来反映散体的力学性质。

6.2.2.1　数值剪切实验

剪切实验是测定松散矿岩内摩擦角和黏聚力的常用方法，在已知矿岩散体内摩擦角、黏聚力以及剪切位移与剪切应力变化曲线时可以借助数值剪切实验将接触本构模型中细观参数与矿岩散体的物理力学性质参数相匹配，PFC 剪切实验如图 6-23 所示。然而由于矿岩散体的平均块度较大，目前常规的剪切实验装置并不能测定矿岩散体的内摩擦角和黏聚力，因此通过数值剪切实验标定接触本构模型中细观参数的方法具有一定的局限性。

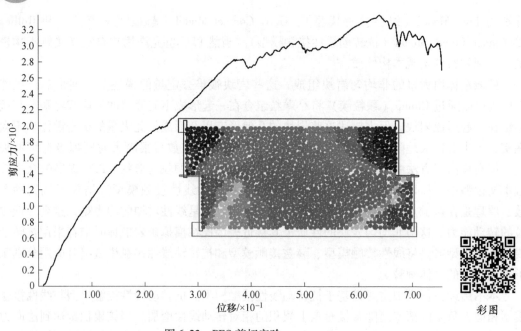

彩图

图 6-23   PFC 剪切实验

6.2.2.2   放出体数值实验

放出体可以间接反映散体的物理力学性质，放矿过程中矿岩移动的产物就是放出体。放出体是指从出矿口放出的矿石在采场崩落矿岩堆体中原来占有空间位置所构成的形体。放出体的形态与大小反映着矿岩的运动规律以及散体的流动能力，是散体物理力学性质的一个综合指标。因此可以通过数值放矿实验，将获得的放出体形态和大小与实际放出体相比较，当一致时即可将接触本构模型中细观参数与矿岩散体的物理力学性质参数相匹配，PFC 放出体实验如图 6-24 和图 6-25 所示。目前，关于测定放出体的实验均是在实验室内获得，虽然已有学者进行了较大模型的放矿实验，但与实际采场放矿还有一定的差距，因此研究放矿的基本规律时可应用该方法。

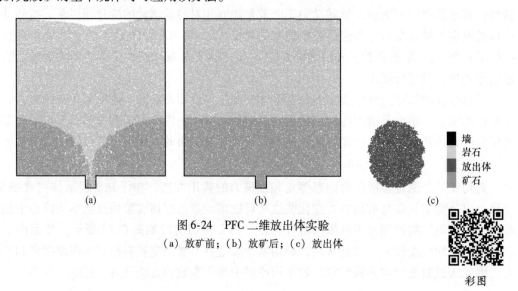

■	墙	
	岩石	
	放出体	
	矿石	

彩图

图 6-24   PFC 二维放出体实验
（a）放矿前；（b）放矿后；（c）放出体

(a)　　　　　　　　　(b)　　　　　　　　彩图

图 6-25　PFC 三维放出体实验

(a) 数值模型；(b) 放出体

6.2.2.3　自然安息角数值实验

自然安息角是指自然湿度下的松散矿岩，在某一特定条件下堆积，其自然坡面和水平面所形成的最大倾角。自然安息角是松散矿岩颗粒间摩擦角、黏聚力和重力平衡的一个重要标志，同时自然安息角也是实验室模拟矿岩散体与现场矿岩散体力学相似的准则。因此通过数值自然安息角实验，当测得的值与实际自然安息角相同时，即可将接触本构模型中细观参数与矿岩散体的物理力学性质参数相匹配。然而对于同一种矿岩散体使用不同的测定方法时，测得的自然安息角也存在差异，需要依据实际的测定条件、测定方法或采矿方法来建立与之匹配的数值模型。根据不同的测定条件，可建立如下几种数值模型。

A　有静压力，无边壁的影响

该条件下常采用圆筒式测定装置测定散体的自然安息角，建立的数值模型如图 6-26所示。测得的自然安息角可用来标定卸矿场、废石场中散体的物理力学性质。

B　有静压力，有边壁的影响

该条件下常采用载压式测定装置测定散体的自然安息角，建立的数值模型如图 6-27所示。其中关于压力的模拟可借助 PFC 伺服控制系统控制顶部墙体与颗粒间的接触力，以此来模拟施加的压力。测得的自然安息角可用来标定有底柱采矿法、无底柱采矿法以及留矿采矿法（大量放矿的初期）中散体的物理力学性质。

C　无静压力，有边壁的影响

该测定条件下常采用旋转式测定装置测定散体的自然安息角，建立的数值模型如图 6-28 所示。测得的自然安息角可用来标定空场采矿法、留矿采矿法（大量放矿的后期）中矿岩散体的物理力学性质。

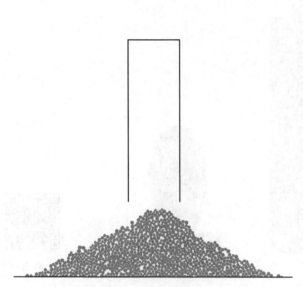

图 6-26　PFC 圆筒测定实验

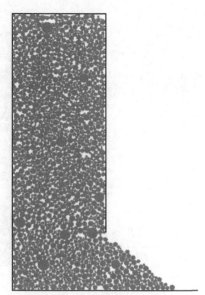

图 6-27　PFC 载压测定实验

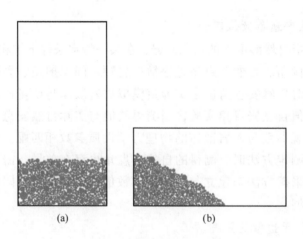

　(a)　　　　　　　　　　　　　　(b)

图 6-28　PFC 旋转测定实验
（a）旋转前；（b）旋转后

　　D　有滚动和滑动摩擦力的影响

　　该测定条件下采用塌落式测定装置，建立的数值模型如图 6-29 所示。测得的自然安息角可用来标定矿仓、溜井中散体的物理力学性质。

6.2.3　自然安息角标定数值实验

　　抗转动线性接触模型中有效模量 E^* 与岩石颗粒的变形指标弹性模量有关，并且随着弹性模量的增加而增加，法向和切向刚度比 k^* 与岩石的泊松比有关，这两个参数可通过相关的力学实验获得。在其他参数一定时，通过调整摩擦系数 f_{fric} 和抗转动系数 r_{r_fric} 完成模拟矿岩散体的 PFC 细观参数标定。数值旋转式模型如图 6-28 所示，模型尺寸为 200 mm ×

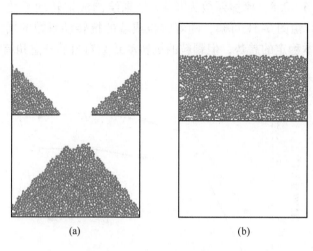

图 6-29 PFC 塌落式测定实验

（a）塌落前；（b）塌落后

400 mm，颗粒的半径为 1~3 mm、3~5 mm、5~7 mm、7~10 mm 且所占的体积分数分别为 55%、25%、15%、5%，密度为 2700 kg/m³，有效模量为 1.0×10^7 Pa，法向和切向刚度比为 1.0。

6.2.3.1 摩擦系数

分别考虑颗粒的摩擦系数与墙的摩擦系数对自然安息角的影响，摩擦系数选取 0.1、0.3、0.5、0.7、0.9，抗转动系数为 0.2。结果绘制成摩擦系数与自然安息角关系曲线（见图 6-30）。由图 6-30 可知，随着颗粒或墙的摩擦系数的增大，自然安息角均呈现出先增大后基本稳定的趋势，但颗粒的摩擦系数对自然安息角有较显著的影响。

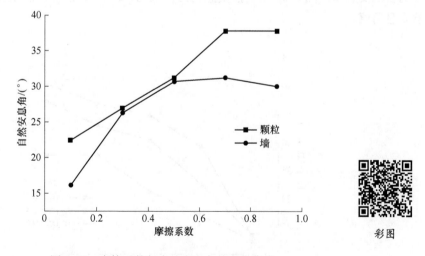

彩图

图 6-30 摩擦系数与自然安息角的变化曲线

6.2.3.2 抗转动系数

分别考虑颗粒的抗转动系数与墙的抗转动系数对自然安息角的影响，抗转动系数选取

0.0、0.2、0.4、0.6、0.8，摩擦系数为 0.4。结果绘制成抗转动系数与自然安息角关系曲线（见图 6-31）。由图 6-31 可知，随着颗粒或墙的抗转动系数的增大，自然安息角均呈现出先增大后基本稳定的趋势，但颗粒的抗转动系数对自然安息角有较显著的影响。

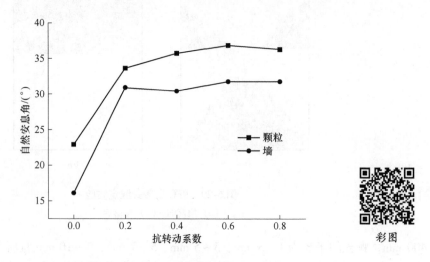

图 6-31　抗转动系数与自然安息角的变化曲线

6.2.3.3　摩擦系数和抗转动系数

为了进一步研究摩擦系数与抗转动系数对自然安息角的影响，分别选取颗粒的摩擦系数为 0.1、0.3、0.5、0.7、0.9，抗转动系数为 0.2、0.4、0.6，保证墙的摩擦系数和抗转动系数不变，模拟结果如图 6-32 所示。由图 6-32 可知，随着颗粒的摩擦系数和抗转动系数的增大，自然安息角呈增长的趋势，且不同的摩擦系数与抗转动系数组合可以获得相同的自然安息角。图 6-32 中自然安息角的范围为 22°~50°，可以满足实际中松散矿岩自然安息角值。

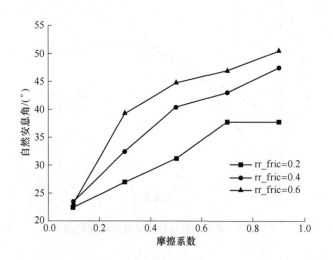

彩图

图 6-32　抗转动系数和摩擦系数对自然安息角的影响

6.2.4　放出体数值实验

按常用测定放出体的物理实验模型，建立图 6-33 所示的数值放矿模型。模型长 400 mm，宽 400 mm，高 700 mm。在模型底部设置一个放矿口，在重力作用下颗粒移动到放矿口内，通过每次删除放矿口区域内的颗粒来模拟放矿，同时记录每次放矿时所删颗粒的 id 号。每次放矿结束后，在模型的顶部生成相同数量的颗粒，保证放矿过程中受到的重力恒定。当放矿实验结束后，还原到放矿前的初始状态，并与所记录删除颗粒的 id 号进行对比，即可还原某一放矿阶段内形成的放出体并计算出放出体的体积与高度。统计出不同放出高度下所对应的放出体如图 6-34 所示。

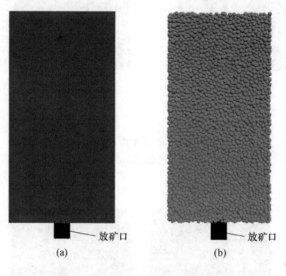

图 6-33　测定放出体的数值模型

（a）模型箱体；（b）装填颗粒

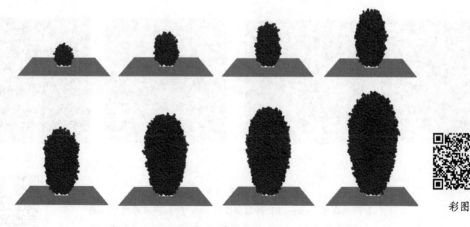

彩图

图 6-34　放出体

6.2.5　放出漏斗数值实验

　　放出漏斗数值实验模型如图 6-35 所示，模型长 600 mm，高 600 mm，宽 60 mm。采用与物理实验相同的方式进行放矿模拟，对降落漏斗和散体移动带边界进行测定。数值模型实验中不同放出高度所形成的降落漏斗如图 6-36 所示，最终形成的散体移动带边界如图 6-37 所示。

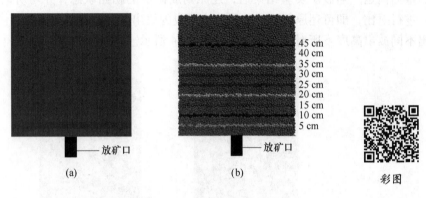

图 6-35　数值平面放矿模型

（a）放矿模型；（b）初始状态

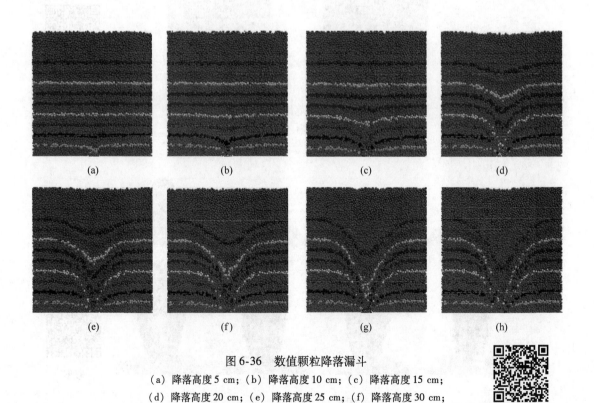

图 6-36　数值颗粒降落漏斗

（a）降落高度 5 cm；（b）降落高度 10 cm；（c）降落高度 15 cm；

（d）降落高度 20 cm；（e）降落高度 25 cm；（f）降落高度 30 cm；

（g）降落高度 35 cm；（h）降落高度 40 cm

彩图

图 6-37 颗粒移动带边界

6.3 采矿现场放矿实验

现场实验研究的目的是验证物理模拟实验和数值模拟实验的结果，取得物理模拟和数值模拟需要的原始资料，以及直接研究崩落矿岩的运动规律和优选方案。只有通过现场实验验证，才能将各种模拟实验结果应用于现场，因此现场实验是放矿研究中非常重要的一种方法。

现场实验包括现场崩落矿岩散体物理力学性质实验及现场放矿实验。物理力学性质实验已在前面讲述。本节只讲现场放矿实验。它的内容包括放出体形状及其影响因素、放矿过程中矿石损失和贫化指标的变化。

放出体形状及其参数的实验方法有直接实验法和间接实验法两种。直接实验法由标志颗粒直接圈出放出体形状。间接实验法由放出矿量和已知放矿层的高度计算放出体参数。

6.3.1 放出体直接实验法

将标志颗粒按空间坐标装入预先凿好的标志颗粒孔中。矿石爆破后，在放矿过程中回收标志颗粒，同时记录放矿量。根据回收标志颗粒原来安装空间位置，圈定放出体的形状；根据相应放出矿石量校核放出体体积，同时测定矿石损失和贫化指标。

6.3.1.1 实验设计

A 选择实验地点

实验地点应有代表性，对生产影响不大且工作方便；挤压爆破区前端应有足够厚度的崩落岩石，这个厚度应大于崩矿层厚度的 2 倍以上。

B 确定崩矿步距

崩矿步距按稍大于实验最大放出体的厚度设计。放出体厚度由模型实验及矿山实际资料估计。应尽可能得到完整的放出体形状而又不过多损失矿石。一般取大于放出体厚度的 15% ~ 20%。

C 确定标志颗粒孔排数及排位

根据崩矿步距及圈定放出体的要求，设计标志颗粒孔排数及排位，如图 6-38 所示。

由于现用凿岩设备和验收炮孔装置精度不够，即使严格按设计施工，炮孔方位的偏差也常达1°以上。在10 m左右低分段无底柱分段崩落法中，标志孔排距取0.3~0.5 m，对30 m以上高端壁放矿实验，排距增大至0.8~1.0 m。根据实验要求可选用不等排距。

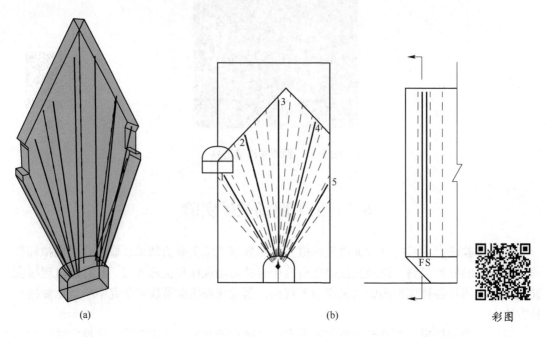

图 6-38　标志孔
（a）标志孔排位；（b）标志孔布置

标志孔自前端壁按排距向后排列。最后一排孔距爆破排位常小于正常排距，这样可以在放出体最大断面处得到更准确的数据。一般在爆破排位的后面再布置一排标志孔，测定爆破后冲带矿量。

D　标志孔布置

各排标志孔根据估计的放出体形状布置，各排炮孔自前端壁至爆破孔位逐排加密。端壁放矿时，放出体切面越靠近前端，壁越小，标志孔数也相应减少。放出体长短轴附近标志孔应密一些，以便较精确地控制放出体参数。标志孔要控制到估计的放出体边界以外。

E　标志颗粒在空间的布置

标志颗粒采用等间距不间断的空间布置方式，相邻标志颗粒之间采用安装隔断物的方式进行辅助固定，隔断物宜采用价廉质轻材质，如半硬质聚氨酯（PUR），如图6-39所示。在孔口处的最后一个标志颗粒，应安装逆止爪（见图6-40），或对孔口进行堵塞处理，防止标志颗粒受前排爆破影响滑出标志孔。放矿时由于种种原因，有一些标志颗粒将回收不到，因此标志颗粒在孔中要尽量布置得密一些。流轴附近和放出体轮廓线部分的标志颗粒应在孔中连续布置。标志孔靠近巷道部分和前端壁放出体下面回收不到的部分，可不放置标志颗粒。

F　标志颗粒结构及编号

根据现场实验经验，以200~300 mm长的塑料管和橡胶管做标志颗粒，爆破崩矿后

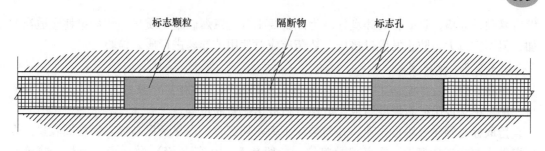

图 6-39　标志颗粒空间布置方式

于装矿过程中在爆堆上直接捡取的方法是成功的。在爆堆上捡取的标志颗粒占放出体颗粒总数的 60% 左右，可以满足圈定放出体的要求。为降低现场标志颗粒的捡拾工作量，提高标志颗粒的回收率，也可采用具有无线射频技术的智能标志颗粒及其监测系统。

用矿山旧风水胶管截断做标志颗粒，制作简便，费用节约，比较合适。如无旧风水管，可用软塑料管，管内衬以木棍或竹竿或泡沫棍。为了装填方便，标志颗粒最大直径应小于炮孔直径 10~15 mm，最小直径应大于炮孔半径 10~15 mm。两个标志颗粒内用铁丝固定一个号码牌。号码牌用马口铁打印号码做成。为了防止标志颗粒自孔内滑落或移动位置，应在标志颗粒上装 2~4 个逆止爪。为了捡取方便，胶管外可刷上醒目的油漆。根据现场条件，也可选用其他废旧材料，如废钢绳等，做标志颗粒。标志颗粒的编号，在一次实验中不应有重复。为便于施工，颗粒表面应标有与号码牌同样的号码。

6.3.1.2　实验施工

A　凿标志孔

标志孔应严格按设计施工。施工前在巷道两侧标好炮孔排位线，以及台车中心线，使凿岩台车（或台架）定位准确。每个炮孔开门前都应精确测量角度。

B　验收标志孔

标志孔应严格验收，记录实际孔口坐标位置、炮孔角度及深度以及标志孔偏斜度。根据验收资料做各排标志孔实测图，根据标志孔实测图，做装填标志颗粒施工图。

C　装标志颗粒

根据设计向各孔内装标志颗粒。施工前按装填先后顺序，堆放标志颗粒，由专人分发。分组装填时，每组都应有专人记录和分发。每次装填 3~5 个标志颗粒，过多易发生卡塞事故。每次装填的最后一个标志颗粒应是带逆止爪的（见图 6-40），以便将标志颗粒固定在设计位置。在标志颗粒不连续的孔内，标志颗粒之间装入木棍或竹竿或泡沫棍。逐个记录标志颗粒号及其所在排位、孔号及深度，然后将记录的数据填写到标志孔实测图上。放矿完毕后用这个带标志颗粒号码的实测图，圈定放出体形状。每一标志孔装填完毕后，用炮泥将孔口堵塞，以免标志颗粒发生移动或掉落。

D　爆破

现场实验要耗费大量人力物力，如爆破出了故障，将影响实验正常进行。实验前的几个步距要保证爆破质量。实验步距一定要爆破好，不

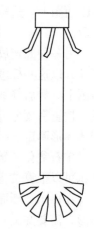

图 6-40　带逆止爪的标志颗粒

发生悬顶、立槽，且矿石破碎良好。为此就要十分注意爆破施工质量。炸药单耗应适当增加，但不宜过大，防止发生过挤压。装药前应对使用的炸药进行质量检验。

6.3.1.3 放矿实验

爆破后进行放矿实验工作。工作内容包括捡取标志颗粒，登录标志号码，记录放矿量，测量记录放出矿石块度组成，取样分析放出矿石品位等。

捡取标志颗粒要跟班作业，并与装矿工人密切配合，以尽量提高标志颗粒回收量。根据爆破步距崩矿量多少，规定记录单位。一般是 5~10 车（铲）做一记录单位，将这一段期间放出的标志颗粒作为一组，按捡取顺序记录其号码。在记录车（铲）数的同时，目估并记录其装满系数。在实验过程中抽样对矿车内矿石称重以计算矿量。同时对称重的矿石取样分析金属品位及测量湿度，以求得到金属品位和湿度变化与矿石容重的关系。

在放矿过程中固定间隔（如 10~20 车或铲）地对矿石块度组成进行测定。用抽样筛分、摄影测定和目估测定相结合的方法进行测定。

筛分法可得到可靠的资料，但不宜大量进行。此外在装运过程中要进行二次破碎，它将影响筛分结果。而在回采工作面直接进行筛分几乎是不可能的。筛分法只能作为校验摄影法和目测法结果的一种措施。放矿过程中，矿石经常是一股股地脉冲式流出，一股矿石刚流出时，大块滚动得远且在表面，细碎块则留在近处和下部。摄影测定大块时除按一定间隔进行测定外，在一股矿石流出前后也应进行测定。不合格大块数及其尺寸应一并记录。与测定块度同时按一定车数取矿样分析品位，作为矿石品位变化和矿石损失贫化关系的原始资料。

放矿过程中还应记录矿石放出和卡漏情况，以便分析放出体圈定工作中出现的异常现象。

6.3.1.4 整理资料

整理资料的主要工作是圈定放出体。圈定放出体时，首先按一定矿量，一般是 50~100 t，把标志颗粒划分成组，以不同颜色标在标志颗粒孔实测断面图上。因为放出体表面颗粒同时到达放出口，指的是在一个时间间隔内同时自放出口流出。初步划分的组不一定正好包括一个完整的放出体表面。仔细研究放出体发育过程后重新将标志颗粒分组，标在断面图上。这样反复校对，即可圈定出不同高度的放出体体形，端部放矿如图 6-41 所示。

另一种圈定放出体的方法，首先是确定要圈定放出体的高度，找到代表该高度的标志颗粒，以这些标志颗粒为界划分放出矿量，并将这些矿量中回收的标志颗粒用色笔标在断面图上。然后仔细研究调整，去掉异常标志颗粒，使放出体表面平滑，并据此重新划分矿量。按重新划分的矿量，再将标志颗粒标在图上。这样反复核对圈定，最后将各高度的放出体体形圈定。

矿石贫化开始后，放出体高度可能已大于放矿层高度，伸入废石中去。根据废石混入体积可以推算贫化后高度大于放矿层高度的放出体参数。

在标志孔断面图上圈定的放出体，是未崩落原矿体的体形。如果将它转换成松散矿岩体形，需要知道矿石爆破后向前和向侧边的推移距离，主要是向前推移距离。因为测定爆破推移距离的方法尚不完善，还不能得到准确数字，所以，目前决定放出体体形有两种方法：一是按整体矿石圈定放出体，假定每次爆破的推移距都是近似的，这样就可根据整体

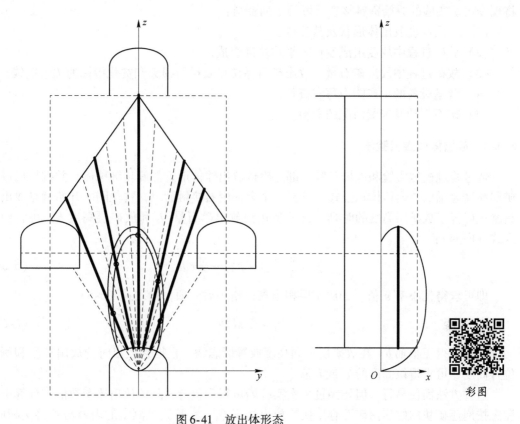

图 6-41　放出体形态

矿石的放出体形直接确定采场结构参数。二是根据经验估计推移距离，按推移后松散矿岩圈定放出体体形。一般对块状矿石，推移距离可近似取为爆破步距（崩矿步距）的 20%。两种方法都不够完善，这个问题只有在解决了推移距离测定问题之后，才能最后解决。

利用放出矿石量校核放出体积时，放出矿石量要按崩落后矿石容重转换成放出体体积。矿石爆破后由于向前推移和填充巷道空间使体积胀大。按整体圈定放出体和按推移后松散矿石圈定放出体的容重，可分别按式（6-52）和式（6-53）计算：

$$\gamma_1 = \frac{Q_p \gamma_z}{Q_p + Q_g} \tag{6-52}$$

$$\gamma_2 = \frac{Q_p \gamma_z}{Q_p + Q_g + Q_a} \tag{6-53}$$

式中　γ_1——按整体矿石圈定放出体的矿石容重，t/m^3；

γ_2——按推移后松散矿石圈定放出体的矿石容重，t/m^3；

Q_p——整体崩矿矿石体积，m^3；

Q_g——回采巷道容纳崩落矿石的体积，m^3；

Q_a——崩矿推移胀大的体积，m^3；

γ_z——整体矿石容重，t/m^3。

几个高度的放出体体形测得后，可以根据外推和内插法计算不同高度的放出体参数。

将现场放矿实验的原始资料整理后可得下列资料：

（1）不同高度放出体形状及其参数；

（2）放矿过程中块度组成变化及平均块度组成；

（3）放矿过程中放出矿石量与放出矿石品位以及矿石损失和贫化指标的关系曲线；

（4）装运设备的生产能力写实资料；

（5）矿石流动及卡漏情况的资料。

6.3.2　放出体间接实验法

通过物理模拟实验和现场实验，都已确认放出体体形近似旋转椭球体，并推导出以放矿层高度表示的放出体体积公式。只有一个上部废石接触面时，贫化刚一开始就是放出体高度正好等于放矿层高度的时刻。记下贫化前放出矿石量 Q_f 和放矿层高度 h，将它们代入式（6-54）：

$$Q_f = \frac{\pi}{6}h^3(1 - \varepsilon^2) + \frac{\pi}{2}r^2 h \qquad (6\text{-}54)$$

即可求得偏心率 ε 值。如放矿层相当高，略去后一项，代入式（6-55）：

$$Q_f = \frac{2}{3}\pi b^3 h \qquad (6\text{-}55)$$

即可求得短半轴 b。在放矿层不同高度放置标志物，根据它放出时的放出矿量和所在位置高度，可求得该高度的 ε 或 b 值。

这种方法简便易行，但要经过多次实验始可得到接近实际的放出体参数值。计算中要注意按崩落矿块内的崩落矿石容重换算放出体积 Q_f。实验记录测定的内容与直接法相同，经过整理可得同样的各种资料。

目前现场实验存在的问题是各种测定方法都没有很好解决。今后要研究解决推移距离测定问题、崩落矿岩松散系数测定问题、块度组成快速而准确的测定问题、矿石品位快速分析及爆堆取样问题、标志孔精确定位及验收测量方法问题等。

 课程思政

放矿领域专家学者介绍

张国建，男，辽宁科技大学教授。提出了崩落体、矿岩散体自然分级等理论，同时站在系统进化和整体优化的高度，从先进技术和科学管理两个方面采取有效措施，运用最小耗能原理、松散介质动力学、爆破理论、放矿理论等，把回采系统作为一个有机整体进行系统研究、整体优化，综合研究回采系统各环节以及它们之间的相互关系，找出其内在的规律性，使系统达到整体最优的效果，降低矿石损失率和贫化率，提高矿山经济效益。

习题与思考题

6-1　简述物理模拟实验的相似条件，并按已知现场条件设计一个重力放矿实验模型（包括放矿、机械等原理、设计图、说明书等）。

6-2 物理模拟放矿实验还存在哪些问题，下一步研究改进的方向？

6-3 论述将模型实验结果转换为现场指标的方法。

6-4 简述数值模拟放矿实验的优缺点及基本原理。

6-5 如何布置现场放矿实验中标志孔和标志颗粒？

6-6 现场放矿实验还有哪些问题要研究解决？

参 考 文 献

[1] 刘兴国. 放矿理论基础 [M]. 北京：冶金工业出版社，1995.

[2] 任凤玉. 随机介质放矿理论及其应用 [M]. 北京：冶金工业出版社，1994.

[3] 王昌汉. 放矿学 [M]. 北京：冶金工业出版社，1982.

[4] 毛市龙，明建. 放矿理论与应用 [M]. 北京：冶金工业出版社，2019.

[5] 解世俊. 金属矿床地下开采 [M]. 2 版. 北京：冶金工业出版社，1986.

[6] 于润沧. 采矿工程师手册 [M]. 北京：冶金工业出版社，2013.

[7] 刘欢. 松散矿岩相对粒度对混入率的影响 [D]. 鞍山：辽宁科技大学，2016.

[8] 刘欢. 罗卜岭铜钼矿可崩性评价与崩落块度控制方法研究 [D]. 沈阳：东北大学，2021.

[9] Liu H, He R X, Li G H, et al. Development of gravity flow draw theory and determination of its parameters [J]. International Journal of Rock Mechanics and Mining Sciences, 2023, 171：1-13.

[10] 刘欢，任凤玉，何荣兴，等. 模拟矿岩散体的 PFC 细观参数标定方法 [J]. 金属矿山，2018(1)：37-41.

[11] 陶干强，杨仕教，刘振东，等. 基于 Bergmark-Roos 方程的松散矿岩放矿理论研究 [J]. 煤炭学报，2010，35(5)：49-53.

[12] 苏宏志，魏善力. 两种放出体的两种性质 [J]. 有色金属，1983(1)：7-13.

[13] 张国建，刘欢，张治强，等. 一种实验室自动检测岩石混入的放矿系统装置 [P]. 中国，201610545553. 4，2019-5-17.

[14] 张国建，刘欢，高樾. 一种用于放矿实验的出矿机构 [P]. 中国，201610543488. 1，2018-11-16.

[15] 张国建，刘欢，温彦良，等. 一种由 PLC 控制的可调节自动出矿装置 [P]. 中国，201610547805. 7，2018-11-6.

[16] 何荣兴，刘欢，李广辉，等. 一种考虑边壁效应的崩落法端部放矿模型 [P]. 中国，201910601654. 2，2020-7-31.

[17] 何荣兴，刘欢，李广辉，等. 一种实验室测定矿岩散体垂直应力分布的装置 [P]. 中国，202011439510. 0，2021-8-24.

[18] 何荣兴，刘欢，李广辉，等. 基于随机介质放矿理论的散体流动参数测定方法和装置 [P]. 中国，201811170160. 5，2019-2-26.

[19] 何荣兴，刘欢，曹建立，等. 一种可调节的缓倾斜中厚矿体放矿试验装置 [P]. 中国，201810228971. X，2020-3-20.

[20] 曹建立，任凤玉，刘欢. 一种自动测定散体外摩擦角的装置及测定方法 [P]. 中国，201810636594. 3，2019-6-21.

[21] 丁航行，李广辉，刘欢，等. 一种实验室自动测定矿岩散体孔隙度的装置及测定方法 [P]. 中国，201910341252. 3，2020-6-16.

[22] 刘欢，刘润晗，朱汉波，等. 一种实验室自动测定矿岩散体自然安息角的装置及方法 [P]. 中国，CN117147387A，2023-12-1.

[23] 刘欢，李晶磊，李国平，等. 测定矿岩散体孔隙度及其分布的装置和方法 [P]. 中国，CN116297088A，2023-6-23.

[24] Group Itasca-Consulting. PFC Version 5. 0 User's Manual [M]. Minneapolis, 2017.